红色记忆
家风故事

李泽泉 主编

ZHEJIANG UNIVERSITY PRESS
浙江大学出版社

序

中华民族历来重视家庭、家教和家风。有歌唱道:"一玉口中国,一瓦顶成家。都说国很大,其实一个家。一心装满国,一手撑起家。家是最小国,国是千万家。"家庭对个体成长具有潜移默化的作用。从孔子"不学礼无以立"的庭训到诸葛亮"静以修身,俭以养德"的诫子箴言,再到岳母刺字"精忠报国"等,无不折射着中华传统美德的光芒,蕴含着家教家风的重要性。

党的十八大以来,习近平总书记对家庭、家教和家风建设做出了许多重要论述。他在第一届全国文明家庭表彰大会上强调,千家万户都好,国家才能好,民族才能好。家庭是社会的基本细胞,是人生的第一个课堂,父母是孩子的第一任老师,有什么样的家教,就有什么样的人。家风是社会风气的重要组成部分。习总书记还特别强调,不论时代发生多大变化,不论生活格局发生多大变化,我们都要重视家庭建设,注重家庭、注重家教、注重家风,紧密结合培育和弘扬社会主义核心价值观,发扬光大中华民族传统家庭美德,促进家庭和睦,促进亲人相亲相爱,促进下一代健康成长,促进老年人老有所养,使千千万万个家庭成为国家发展、民族进步、社会和谐的重要基点。

不难理解,国家、社会、历史就是由一个个分散的个体、片段构成的,而每个个体既依托国家、勾连着社会,更依赖家庭,从家庭出发。爱国首先要恋家,树立爱国情怀必先确立家庭情感。培育优良家风家教,由此培育乡土观念、民族精神、社会责任、爱国情怀,进一步诠释"家国"情怀,将个人抱负与社会理想、国家前途、民族复兴融为一体,成为重视家风家教建设的出发点和最终指向。

杭州师范大学是一所具有优良家教家风传统的大学，《共产党宣言》的最早翻译者陈望道，中国共产党最早的党员之一、中国社会主义青年团创始人俞秀松都在杭师大留下了许多感人的故事。例如，陈望道 1920 年 4 月在浙江义乌老家翻译《共产党宣言》时，"蘸着墨水吃粽子，还说味道很甜"的故事就被习总书记多次提及；1923 年 1 月，俞秀松在给母亲的信中写道"我要救中国最大多数的劳苦群众"。这些故事都成为激励杭师大人探求真理、追求进步的精神动力。近年来，学校党委高度重视家风建设，将其纳入"清廉学校"和校园文化建设的重要内容。学校纪委积极创设活动载体，创新活动形式，发挥全校文学、历史、哲学、教育、书法、绘画、设计、音乐等专业优势，集中开展了"看家风、品家风、绘家风、传家风"以及征集"好家风"故事等系列家教家风活动。其中，老中青三代杭师大人共话家风故事，在师生中引起强烈反响，优秀家风诗词书画作品还登上"学习强国"平台。

为了更好地传承中华传统美德，书写杭师大人的红色印记和家风文化，展示杭师大人奋发有为、昂扬向上的精神风貌，更好发挥家风家教在教书育人中的作用，校纪委从历年来征集到的 500 多篇家风故事中，甄选了 60 多位师生的家风故事，以上、中、下三篇，汇编成《红色记忆·家风故事》一书，从不同年代、不同经历、不同感悟、不同视角向大家展示几代杭师大人家风无言的教育力量。这些家风故事的主人公中，有出生于 20 世纪 30 年代拥有 70 多年党龄的老教师，有出生于20世纪六七十年代的杭师大的中流砥柱，有出生于20世纪八九十年代的新生代党员，还有"00后"大学生。他们都以具体生动的事迹，展现出不同时代的精神风貌，使本书显现出历史性、时代性和真实性的特点。

历史性。本书的许多家风故事都具有浓厚的历史感。戎马一生的共产党员、92岁高龄的孙霆老师，那句"宁可牺牲自己的生命，也要坚持斗争到底，决不能叛党"的话，尽管过去了70多年，仍然掷地有声、震撼人心。出身农村家庭的丁同俊老师至今铭记着爷爷"一袋胡萝卜种子救活全村人"和"一把米的教育"的动人故事。兢兢业业、辛勤耕耘的86岁高龄的钱大同老师，用一生诠释了对党的教育事业的忠诚和奉献。响应"到祖国最需要的地方去"支援边疆建设的黄宁子老师，至今还珍藏着1963年在新疆护边期间父母写给他的那厚重泛黄的珍贵家书。校纪委李泽泉书记的百岁父亲历经抗战烽烟和新中国建设、改革以及新时代各个历史时期的洗礼，提炼出"勤"与"和"的优良家风，滋养后代为党和人民建功立业。现实来源于历史，一个个历史厚重的家风故事必将激励新时代的杭师大人创造新的辉煌。

时代性。家风故事是时代的印记。本书的许多故事都有很深的时代烙印。全国党建工作样板支部书记龚上华老师勤奋、执着，带动支部党员和家庭成员，营造出乐观好学、积极进取的团队和家庭氛围。从军营到学校始终手不释卷的张钰林老师一生勤学善思，努力践行着"读万卷书""行万里路"的座右铭。援疆支教的骆玎老师与刚上小学一年级的女儿一别就是一年半，毅然奔赴新疆阿克苏支教，搭建"空中丝路课堂",实践着教师"传道授业解惑"的使命和担当。滕云老师的母亲——"西湖区最美长者"陈莲英老人退而不休积极从事志愿者工作,长年照顾社区孤寡老人,还带动一家人积极投入志愿服务,事迹多次被《钱江晚报》和《青年时报》等媒体报道。与时代同行是杭师大人的风格,这些具有强烈时代特征的家风故事激发着杭师大人不断奏响时代最强音。

真实性。文化源于现实,又高于现实。杭师大人基于现实的奋斗,极大丰富了家风故事的内涵。来自书香门第的殷企平老师祖孙三代传承学术,他们的家风故事让人体味到书香之家的气质。马云的老师叶东炜一生为人师表,桃李满天下,去世前留下遗愿,将遗体捐献给医学研究。陈漪老师的父亲不顾自己的病痛,在生命的最后时刻还心心念念学生和讲台。孙燕老师的母亲是目不识丁的农村妇女,在一个大雪天里收留一家乞讨者,帮助他们整整六个月,免其漂泊之苦。还有"90后"学生马博轩虽然出生在一个重组家庭,但妈妈用温暖的爱成就了一个幸福的家。他们用各自的家风故事传递着亲切而温暖的力量,使现实中的杭师大多了一份亲切感。

今年恰逢中国共产党成立100周年,也是全面开展党史学习教育之年。开展党史学习教育的一个重要目的就是传承好党在长期奋斗中铸就的伟大精神、光荣传统和优良作风。而家风一定程度上是党的伟大精神、光荣传统和优良作风在一个家庭里、一个单位内、一名党员身上的浓缩和体现。杭师大是一所拥有百年办学历史的师范大学,承载着为党育人、为国育才的时代重任，也承担着传播思想、传承文化、塑造灵魂的使命和责任。《红色记忆·家风故事》的编辑和出版，不仅是对中华民族优秀传统文化的继承和发扬，更是对党的革命意志、政治品格、精神修养的传承和弘扬。我们相信，只要全校每一位师生都重视家教家风，继承和发扬中华民族传统美德，传承党的红色基因，增强家国情怀，推动全校形成注重家庭、注重家教、注重家风的良好风尚，就一定能绘就和谐友善、幸福美好的生活画卷，为杭师大创建一流大学提供强大精神动力。

陈春雷

杭州师范大学党委书记

2021 年 6 月

目录

艰苦奋斗
言传身教

上篇

忠孝勤勉
明礼感恩

4

中篇

5

勤奋好学
涌泉相报

下篇

艰苦奋斗
言传身教

上篇

孙　霆 ——————— 宁可牺牲自己的生命，也要坚持斗争到底，
决不能叛党！

李泽泉 ——————— 勤俭持家、谦和待人，不仅维持了全家人的
生计，更是铸就了我们子子孙孙都取之不尽、
用之不竭的精神财富——百年家风。

邵大珊 ——————— 好的家风，是一种润物细无声的品德力量，
是一汪清润甘甜的泉水，给予我们精神力量，
影响我们的行为作风。

钱大同 ——————— "活到老，学到老"；家庭是人生的第一课堂，
好好读书，练好本领；艰苦奋斗，精益求精；
为人正直，助人为乐。

张钰林 ——————— "读万卷书，行万里路。"我的书房，记录
了我的人生，传承着我的家教，彰显出我的
家风，也必将继续展现我家的美好生活和灿
烂明天。

红色家风见初心

孙　霆

　　我 1931 年出生在杭州的一个普通家庭，童年和少年是在日军侵略的战火中度过的。父母带着我们兄妹二人流亡逃难，顶着日机的狂轰滥炸，随时都有可能被夺去生命。逃难途中父亲因病去世，家庭陷入困境。这种记忆刻骨铭心，不堪回首。青年时期，我加入中国共产党，走上了革命道路。20 世纪 50 年代中叶开始从事文字工作，先后任职于杭州日报社、杭州师范学院。离休后又参与编纂《杭州市志》、报刊审读、撰写回忆录等工作。

意气方遒　投身革命一心为党

　　读书时，我积极参加了抗议美军强奸中国女大学生和反饥饿、反内战、反迫害运动。这次运动遭到国民党反动政府的疯狂镇压，学校当局宣布开除 9 位学生。开除布告贴出

金甲武烈士

《金甲武烈士殉难五十周年纪念集》书影

后，立即激起了公愤，同学们聚集起来想找校长讨个说法。混乱中，我一拳打在玻璃窗上，手臂静脉被割断，血流如注，立即被送往广济医院做手术，但直到现在手上还留着疤痕。

顶着留校察看的处分，我加入了中国共产党，在党的领导下坚持斗争。1948年，共产党员王孝和烈士被国民党反动派公开处决，在绑赴刑场的途中，他高呼口号，英勇就义。我们地下组织的上级上海局，号召全体党员学习王孝和烈士的光辉品质。我们党支部各小组都进行了认真讨论，每个党员都严肃表态，万一被国民党当局抓去，决不能叛党，宁可牺牲自己的生命，也要斗争到底。这是最基本的要求，如果怕死就不要入党，入党就要下这个决心。

在我的同学、战友中，有6人先后被国民党杀害，献出了年轻的生命。正是烈士们的英勇献身和他们这种不怕死的精神，才换来了人民的解放、祖国的强大和今天的幸福生活。我们决不能忘记为新中国成立经历生死考验、牺牲生命的无数先烈。每年9月30日烈士节，我都会打开电视机，观看党和国家领导人在天安门广场向中国人民英雄纪念碑敬献花篮的直播。为了纪念那些牺牲的战友，我和几位幸存的老同志一起编写了《金甲武烈士殉难五十周年纪念集》。

杭州解放后，我先是负责青年团的工作。后来市委决定开办杭州市青年干部学校（简称"青干校"），"青干校"共编为七个中队，我担任第五中队的队长。那时乔石同志刚从上海调到杭州工作，担任"青干校"的教育长，我几乎每天向他汇报工作。"青干校"工作结束后，我又跟随乔石同志到团工委（1953年改称"团市委"），继续在他领导下工作，直到他调离杭州。1954年初，我赴上海中共中央华东局党校学习。

聆听教诲　三次见到敬爱的周总理

1955年9月我从上海回到杭州，正逢《杭州日报》筹备创刊。市委决定调我到杭州日报社，从此我开始了文字工作生涯。我从中层干部到编委会成员，再到副总编、党委书记，在卷帙浩繁的文字海洋里，从青春少年到满头华发，我用25年的壮年时光，目睹了《杭州日报》的发展壮大。在杭州日报工作期间，我见到了敬爱的周总理三次，目睹他的风采，聆听他的教诲，成为我今生难忘的记忆。

1980年，我来到杭州师范学院，担任《杭州师范学院学报》主编，直至离休。在杭师院办理离休手续后，我又马不停蹄地前往市委大院报到，开始《杭州市志》的编纂工作。《杭州市志》涵盖从良渚时代到改革开放时期的杭州历史，编写量巨大。在市委大院里，我一待就是十年，每日上下班，直到编成1000多万字的《杭州市志》十卷。

岁逢花甲，我又应邀参与了杭州市新闻出版局的审读工作，就是我们这些有文字编辑经验的老同志，对本地公开发行的报纸杂志进行审读，定期撰写审读意见和报告。杭州市包括各个县的报纸杂志数量很多，我们每天的阅读量很大，这是一项很"伤脑筋"的工作，只有仔细看才能真正发现问题。2010年7月，我80岁时，被国家新闻出版总署评为"优秀报刊审读员"，当时全浙江省只有两人获得这一全国性荣誉。

如今，我离休回家，在安享晚年的同时，还写点回忆录，将解放前参加地下斗争和解放初建立、发展团组织的经历撰写成文，回顾自己如何一步步在党的教育下成长，算是对自己和后人的一个交代。

家风教育　清白踏实

我的老伴解放初期是市团工委的干部，和我一起从事青年团工作，也是一位有68年党龄的老党员。1962年，她响应号召，主动提出到工厂当工人，最后以工人身份退休。她在厂里当工人期间，工厂实行三班倒，又正逢老二出生，给家庭带来不少困难。有一段时间，我夜间抱着老二走好几里路到厂里去让老伴给孩子喂奶，来回一个多小时，但我们仍坚守选择，无怨无悔。

家风教育其实就是初心教育、传统教育，也就是不忘初心。这对后辈是很好的教育。回望走过的大半生，我始终不忘共产党人的初心，时常提醒自己记得当初入党到底是为了什么？就是为了人民的解放，建设新中国，没有任何私心。

我认为讲家风，身教重于言教，用自己的行动教育孩子们"清清白白做人，踏踏实实做事"。做人，就要做一个高尚的人、纯粹的人、有益于人民的人。

现在的青年学生，首先当然要搞好学习，掌握专业知识，但不能局限于此。要有理想，有目标，将个人目标与国家利益统一起来，在实现中国梦的过程中求得个人的发展。人生的意义不在于物质享受，而在于为国家做了多少贡献。

百年家风万代传

李泽泉

　　我爸爸出生于农历辛酉年（1921）六月初六，按中国民俗讲，今年已 101 岁了，若以周岁计，当是 100 周岁，与伟大的中国共产党同龄。回望爸爸经历的百年，从解放前千疮百孔的岁月到新中国改天换地的社会主义革命、建设、改革和新时代不同时期，我印象深刻的是爸爸与妈妈一同含辛茹苦地养育了我们 9 个兄弟姐妹，哺育我们成长，支持我们学习，让我们得以在农业、工业、教育和党政机关等不同领域为人民做贡献。

　　成家立业之路筚路蓝缕。爸爸妈妈勤俭持家、谦和待人，不仅维持了全家人的生计，更是铸就了我们子子孙孙取之不尽、用之不竭的精神财富——百年家风。

　　家风又称门风，是一个家族或家庭世代相传和沿袭下来的体现家族成员精神风貌、道德品质、审美格调和整体气质的文化风格，包括为人处世的风范、工作作风和生活作风。

爸爸妈妈与九个子女合照，前排左二为妈妈、左三为爸爸，后排左一为作者本人

优良家风要经历几代人的开创和传承，是家庭或家族集体的创造。但是，家风的世代传承，不是机械的、均衡的。某个时期的某位或几位重要的家庭成员因出类拔萃的言行为其他家族成员所推崇和仰慕，成为家风之柱，经过后代子孙接力式的恪守和弘扬，一个家族鲜明的精神风尚才能形成。毫无疑问，在我们这个大家族优良家风的形成和发展历程中，当数爸爸妈妈贡献最大。

家风表现为一定的习惯、品行、道德和精神气质。小时候，每逢春节前，家里总要写春联，如何选择春联词，成为考验大家的一大难题。这时候，爸爸总会脱口而出一副对联，上联为"一勤天下无难事"，下联为"百忍堂中有太和"，横批为"家和万事兴"。爸爸还通过许多鲜活的家庭事例诠释这副对联：兴旺发达的家庭往往弥漫着勤劳、和谐的氛围；反之，懒散而又缺乏和睦的家族注定会贫穷落后或中道衰落。这副春联每年春节都会张贴在我们家的大堂中，历久弥新，映射着爸爸和妈妈一辈子的为人态度和处世风格，也是我们这个大家族百年来优良家风的缩影。

一勤天下无难事

业精于勤。爸爸妈妈文化水平不高，没有祖先留下的丰厚基业，也没有特别的技能，更没有什么背景关系，能够开启和奠定百年基业，靠的就是勤劳、勤快、勤奋、勤恳、勤俭。

1944年9月至1945年10月，爸爸在家乡龙泉浙南参加了国军八十八军，经受了他一辈子都难以忘怀的抗战烽火的洗礼。尽管是在后方从事后勤保障工作，但爸爸没有忘记自己肩负着抗日救亡的神圣职责，白天参加军训、赶制军服军被，夜晚为物资仓库站岗放哨。整整一年，爸爸没有休息一天，与其他战友夜以继日地为前线制作和护送了大批军用物资，为抗战的最终胜利做出了贡献。爸爸至今依然清晰地记得当年军服胸章上镌刻着"精炼""超群"等口号，每每听爸爸讲起这段难忘经历时，我仿佛能看到那熠熠生辉的军服胸章和上面的口号，那是爸爸和他们那一代先辈们不屈不挠、顽强抗争的生动写照。

解放前，我们家处在村子南面的山丘上，而家里的几亩耕地则零星分布在山脚下的河谷旁。每到秋天的凌晨，爸爸便独自一人出门去收割稻谷，晚上挑着一百四五十斤的谷粒沿着蜿蜒的山路回家。到家前的最后一段上坡路十分难走，每当爸爸筋疲力尽的时候，妈妈总是会及时赶来支援爸爸。因为每到傍晚时分，妈妈总是挂念着劳累了一天的爸爸，时不时注视着那条上坡路。一看到爸爸挑着满满的两箩筐稻谷的身影，她就立即拿着簸箕飞奔下山接应爸爸，用簸箕从爸爸的两箩筐里盛出二三十斤谷粒背在自己肩上。妈妈的牵挂和帮助使爸爸如释重负，山路依旧坎坷、依旧蜿蜒，爸爸的脸上却有了轻松的微笑。

　　新中国成立后，爸爸将极大的热情投入社会主义革命和建设之中。土改时期，爸爸兼任村会计，白天与其他村干部一道，跋山涉水，用自己的双手双脚精心丈量全村的耕地和山林；晚上细心计算和记录，经常开会到深夜，认真地按照党的土改政策，充分发动和依靠村民，使全村耕地和山林公平公正地分配给每户。社会主义建设时期，爸爸每天按时参加生产队劳动，早晚还带领哥哥们种好自留地。每逢雨季龙泉溪水暴涨，天还没亮爸爸就到河边撒网捞鱼，妈妈做早饭时，就叫我们去爸爸那里取鱼。爸爸从来不让我们失望，有时多一点，有时少一点，总能使我们的早饭多一份佳肴。

　　改革开放初期，爸爸已到花甲之年，但仍旧在地里辛勤耕作，完成承包地的种粮任务，还在自己开荒的小块土地上种植蔬菜、水果、茶叶等。妈妈和爸爸经常起早摸黑地采摘、整理农产品，然后各自肩挑七八十斤的蔬菜和瓜果，徒步 10 多里路到县城出售，赚钱维持全家生活和供我们读书。20 世纪 90 年代，爸爸在二哥开办的企业里工作，统计工人制成品的数量，直到 88 岁。据二哥厂里的工人反映，爸爸计账认真细致，很少出差错。从二哥的厂里退休后，爸爸还是没有放下锄头，每年都在自家门前门后的承包地上种玉米。有时远方亲戚来看爸爸妈妈，到村口找不到是哪一家时，就向村里人问路，村里人总会说，顺着路往前走，看到路旁的大片玉米地就到了。爸爸种的玉米多，家里吃不完就经常寄给在杭州的我们。每当收到远隔千里的爸爸寄来的玉米时，我的脑海里立即浮现出爸爸弯腰在田间辛勤劳作的身影。

与爸爸一样，为了把我们 9 个孩子哺育成人，妈妈也辛劳了一辈子。如果说爸爸的勤劳撑起了我们这个大家庭的门面，那妈妈的勤劳则让我们这个家立住了根基，站稳了脚跟。20 世纪 40—60 年代，妈妈陆续生育了我们 9 个孩子。当时医疗条件有限，她从没去过医院，也没有请过医生，靠的是自己健康的体魄、坚强的毅力和丰富的实践经验。妈妈手把手将我们 9 个孩子养育成人，从没请过保姆，除了外婆在前几个哥哥出生时陪伴妈妈坐月子外，靠的是妈妈自己的勤奋、坚毅、精打细算和节俭。在 20 世纪 50 年代末 60 年代初的艰难日子里，妈妈身后背着一个孩子、左手抱着一个孩子、右手牵着一个孩子到田间拾稻穗、除野草。为了克服粮食短缺的困境，妈妈还放养了许多鸡鸭，常常把鸡鸭下的蛋节省下来拿到县城和附近工厂卖掉，然后购置稻米、面粉。为了卖个好价格，多买点粮食回家，妈妈经常晚上很迟才回家。有时我们放学回家，等了好久还没见妈妈回来，便跑到渡口等她，远远看到从对岸撑过来的渡船上有妈妈，就喜出望外。妈妈生前一直坚持放养土鸡，我在杭州成家立业后，回老家时间少，妈妈就经常托人给我们带土鸡蛋。记得我女儿出生时，爸爸妈妈都70多岁了，还不辞辛劳，携带10多只自己放养的土鸡，历经10多个小时长途大巴车的颠簸来到我家，照顾我媳妇，看望我女儿。

30 多年前刚参加工作时妈妈给我做的布鞋

春蚕到死丝方尽，蜡炬成灰泪始干。妈妈一辈子辛劳，直到去世前一个月离家去县城医院看病前还给爸爸烧好早饭，洗好衣服，做好家务，嘱咐爸爸等她回来。当时已是农历十月，妈妈准备了番薯干、黄豆等年货，等我们回家过年。妈妈去世后，我回家整理东西，睹物思人，妈妈那勤劳忙碌的身影和期待我们回家过年的神态，仿佛就在眼前，令我百感交集。

爸爸妈妈的汗水还洒在送我们9个孩子求学的道路上。1977年恢复高考后，大姐、二姐、我和妹妹先后参加高考。妈妈一大早就挑着爸爸种的蔬菜和给我们的霉干菜、大米去县城，等蔬菜售完后，顾不上吃中饭就赶到我所在的城郊中学给我送干粮。然后又去几里之外的龙泉师范学校、南秦中学给姐姐、妹妹送干粮。当时十六七岁的我，望着妈妈挎着篮子、拎着米袋子渐行渐远的背影，想到妈妈一大早就挑着近百斤的担子步行15里来县城，又奔走四五里路，只为我们能够按时吃上饭菜，禁不住泪流满面。

从高中起，二姐和我的家长会，爸爸每次都会认真参加。家长会常常是在晚上举行，结束时一般已近深夜，爸爸就在学生宿舍里与我挤一张床过夜，第二天顾不上吃早饭就匆匆返家。高考结束后，爸爸第一时间就去县城招生办把我们的高考分数抄回来。抄分数时，还不忘向招生办同志打听高考录取情况，请他们分析我们的分数，回家再详细告诉我们，让我们为下一年参加高考更好"备战"。妹妹考取松阳师范学校、我考取杭州大学，爸爸都亲自送我们去学校报到。那时交通远不如现在便捷，1984年我第一次从龙泉到杭州上大学，长途大巴行驶了15个多小时，从龙泉出发时天还没亮，到杭城时天已黑。爸爸把我送到杭州大学，只是在杭停留了一天，就踏上返家的颠簸路程。清晨，当我站在武林门长途汽车站望着爸爸乘坐的长途大巴车消失在车流之中时，朱自清散文《背景》中父子离别的情感顷刻间涌上了我的心头。

爸爸、妈妈除了勤劳，过日子也十分节俭。小时候，我很少看到妈妈给自己添新衣服，但每当妈妈来学校看我们或出门做客时，都会穿得整洁、漂亮。原来妈妈将最新的一套服装专门作为自己出行时的"礼服"，每次穿后马上洗干净保存好，一用就是20多年。平时做家务和采摘农作物十分磨损衣服，她穿的是修修补补的"劳动服"。我们小时候吃饭，若剩下了米饭，爸爸看见后，都要批评教育我们，还时常给我们念"锄禾日当午，汗滴禾下土；谁知盘中餐，粒粒皆辛苦"这首《悯农》古诗，教育我们粮食来之不易，要我们养成珍惜粮食的好习惯。

百忍堂中有太和

爸爸文化程度不高，只读过两个冬学，相当于读到现在的小学一年级，妈妈更是连学都没上过。但他们都知书达礼，为人谦和纯朴，对人宽容逊让。

小时候，爸爸经常给我们讲"六尺巷"的故事。故事的主人是康熙年间的礼部尚书张英。张英世居安徽桐城，其府第与吴宅为邻。邻家吴氏造房欲占张家三尺地基，张家人不服，修书一封到京城报告给张英。张英看完信，写了"千里家书只为墙，让他三尺又何妨；万里长城今犹在，不见当年秦始皇"四句话。家人收到书信后自感羞愧并按张英之意退让三尺，邻家人见相爷家人如此胸怀，深受感动，亦退让三尺，如此便形成了一条六尺宽的巷道。张吴两家礼让谦和亦被传为美谈。妈妈也经常给我们讲"宰相肚里能撑船，将军额上能跑马"的故事，要求我们不要在乎别人说什么，不要计较别人做了什么，关键是要自己说好话、做好事。在爸爸妈妈看来，人贵有自知之明，看别人缺点容易，看自己不足难。要使自己不断进步，就必须严于律己，不断发现、改进自己的缺点。爸爸妈妈不仅这样说这样想，还身体力行，带领全家这样做。

当哥哥与嫂嫂因日常小事产生矛盾甚至吵架时，爸爸妈妈总是批评哥哥不对。我小时候常见兄嫂二人吵吵嚷嚷地回家，经过爸爸妈妈的耐心劝解，又笑嘻嘻地走了。哥哥们成家后，都独立造房，有时会因为门前门后地界分割的问题闹得不愉快，爸爸妈妈及时出面协调，叫大家不要计较。偶尔与邻居产生纠纷，妈妈总是主动上门讲和。凡是村里人路过家门口，妈妈总是热情向他们打招呼，请他们进屋喝茶休息，如果靠近午饭时间，总是请他们留下来吃了中饭再走。小时候，我发现妈妈每天早上都要烧好多开水，把茶壶灌得满满当当，中间还要多次添茶加水，想来就是她经常邀人喝茶的缘故了。

爸爸妈妈还乐于助人。对于村里造桥修路等公益事，爸爸的捐助从不落后。每当亲戚、同村乡亲生病了，爸爸妈妈总是前往探望，劝他们尽快去医院就诊。乡里乡亲来杭看病、小孩来杭读书，爸爸妈妈总要托信给我，要我想方设法给予照顾。一些来杭看病的乡亲回去告诉妈妈我到医院探望他们，夸我为人客气。等我回家后，妈妈总是欣慰地转述给我。2008 年汶川大地震，年底我回家过年，妈妈就问我，外面发生了大地震，好多人受灾，你捐款了吗？当听到我回答捐了 3000 多元时，妈妈说，应该的，好样的。

每年春节阖家团圆的日子，总是妈妈最忙碌的时刻。物资匮乏的年代，过年在孩子们眼里是吃得最好的时候。大年三十晚餐前，妈妈总要拿出家里的一部分食物给外公外婆送去。当餐桌上摆好了碗筷和菜肴后，她总是叫我们先去请爷爷，爷爷入座后，才叫大家入席开饭。到了正月，妈妈不仅要带我们去探望长辈，对于上门拜年的晚辈，也热情招待，回以礼物和红包。妈妈在的时候，尽管家里不富裕，但人来人往很是热闹。我长期在杭州工作，只有春节前后才回家小住几天，每当我离开老家前的一天，妈妈都要精心准备菜肴，请几位嫂嫂一起帮忙烧菜做饭，摆上几桌，请全家几代人聚一聚，为我饯行。现在回想起来，妈妈主导的送我回杭的聚餐，尽管没有山珍海味、高档酒和饮料，只有老家的鸡鸭猪肉、蔬菜和自酿酒，也没有什么特别仪式，只有几代亲人相聚在一起，但那亲人间坦诚朴素、无拘无束、其乐融融的和谐气氛，实质上是一种和合文化，是精神富裕的表现，也是一种美好幸福。

家和万事兴

家风虽无形，却是强大的力量。天道酬勤，和气生财。在爸爸妈妈亲自锻造的"一勤二和"的家风教诲下，在伟大的中国共产党领导下，我们李家沿着社会主义大道迎来了家业事业的兴旺发达。

在社会主义建设时期，除二姐、我和妹妹年纪小没有参加工作外，6个哥哥姐姐先后担任副大队长、民兵连长、大队会计、生产队长、公社林场场长、乡村民办教师、农业技术员等工农业一线干部，为农村集体事业发展发挥着骨干作用。改革开放后，我们全家积极响应党和国家的号召，认真参加高考，大姐、二姐、我和妹妹，先后通过高考进入高校学习，努力提高科学文化水平。毕业后，勤勤恳恳地在教育、科研领域为党和人民做贡献。二哥、三哥、五哥先后开办了乡镇和村办企业，努力拓宽就业致富门路。目前，爸爸名下家族的四代人口总数已经超过百人，其中有共产党员 20 多名，从事的职业由单一农民拓展到工业、教育、医疗、金融、党政机关、军队等多种行业，大学本科毕业生 20 多人，获得硕士以上学历 7 人，就读学校不乏有浙江大学、南京大学等名校。在专业技术职称中，有正高 2 人，副高 6 人，中级 4 人。二哥开办的企业，产品远销欧美 10 多个国家，连续 20 多年成为龙泉市纳税大户，每年上缴税收 800 多万元，最多时上交 1000 多万元，工人最多时达 1000 多人。二哥由此荣获"全国五一劳动奖章"和"全国优秀乡镇企业家"等荣誉称号。

伟大出自平凡。爸爸妈妈兢兢业业、和和气气建家立业，没有惊天动地的伟业，也没有豪言壮语，但他们的凡人善举所蕴含的"一勤二和"家风哺育了我们，影响了我们几代人。今天，"一勤二和"家风也与时俱进为"人生只有加油站，没有休息站""人生的意义在于奋斗，奋斗本身就是幸福""家好国好大家好，才是真正好""经济文化双丰收、物质精神都富裕，才是真富裕""不求达官显要和富贵荣华，但求踏踏实实做人和认认真真做事"，等等。大家信心满满，决心在以习近平同志为核心的党中央的领导下，以伟大的中国共产党百年华诞为新起点，不忘初心、牢记使命，继承和弘扬党的光荣传统和优良作风，传承和发扬百年家风，凝聚磅礴伟力，沿着中华民族伟大复兴航程，为创造更加美好幸福生活而不懈奋斗。

家风的传承

邵大珊

　　好的家风，是一种润物细无声的品德力量，是一汪清润甘甜的泉水，给予我们精神力量，影响我们的行为作风。

　　我的丈夫叶东炜 1932 年出生于杭州，在那个战火纷飞的年代，他从小就失去了母亲，随外婆逃难到上海，在青年时期就接受了进步思想。1947 年，在省吾中学读高中，任校学生会主席，1949 年 4 月入党。1949 年 6 月，中国人民解放军西南服务团在上海成立，他毅然报名参军，10 月初随军出发，坐火车经武汉到汨罗，改乘船到益阳，沿川湘公路徒步行军，12 月到重庆，全程 7000 里，历时 3 个多月。他曾经多次倾听刘伯承司令员、邓小平政委亲自讲课。这段经历，更加坚定了他奉献于党的事业、忠诚于党的信念。到重庆后，根据组织分配，他参加了艰巨复杂的接管工作，位于重庆南岸区的蒋介石公寓就是他和战友薛一民去接管的。如今，重庆市中心高耸着解放碑，纪念着重庆解放的光辉历程。

1957 年，我丈夫积极响应向科学进军的号召，考入南开大学，毕业后在天津外国语学院英语系任教，1979 年调到杭州师范学院外语系任教。作为一名教师，他非常重视教师的专业素养和爱岗敬业、奉献的精神。私底下，学生们都亲切地喊他"老叶"。在学生们眼中，老叶衣着朴素，为人淳朴，诲人不倦，待生如子。他平时对待学生和蔼可亲，平易近人；课堂上严格要求学生，一对一辅导学生的课业，认真纠正学生的语音错误，绝不放过任何死角。老叶上课很有一套，学生们至今都还记得老叶上课时的情景，他经常备一些小镜子，让学生通过照镜子的方式来掌握发音的要领，还常常用手指敲打讲台，引导大家有节奏地朗读英语美文。从教几十年来，他的学生可谓桃李满天下。马云在送给叶老师的毕业照上写道："承蒙您四年的帮助和指导，我永记心怀。十年后，我们将再度相会，祝您身体健康，工作顺利。"

对于家庭教育，他也有自己的一套理念，比如趁早开发孩子智力、遵循孩子的心理规律、尊重孩子、尊重事实、重视体育锻炼，等等。他始终以自己的言行影响子女，言传身教，重视子女的健康成长。我们家曾有幸被评为"杭州市五好家庭""杭州市西湖区五好家庭标兵"。孩子如今成长为社会的栋梁也与他的教导密不可分。

退休后，我的丈夫仍然保持着天天学习的习惯，还乐于接受新鲜事物，常常使用"淘宝""滴滴"，也学着用手机点餐。他说，不能落后于时代。81 岁时，他将译著汇集成 35 万字的《小草集》。在浙医二院住院期间，他也身体力行着为人师者的本色。别的病人都希望甚至要求资深护士来打针，

叶东炜走完生命最后历程时邵大姗完成其心愿：进入中国人脑库为医学研究无私奉献

他却主动鼓励实习护士来打针。老年人血管脆，容易跑针，实习护士手生再加上紧张，有时打完后老叶手腕一块块乌青，我看了之后很心疼，他却说："不要紧的，我这一把年纪，给孩子们练练手，要多给他们机会。"对于身后事，我和丈夫都没有流芳百世、身后留名的愿望，更不想百年之后多占一块地，就想把骨灰撒到森林、大海。即使生命终结，我的丈夫依旧在为社会做贡献，将遗体捐给了浙江大学医学院做研究。

我退休前曾是杭州师范大学理学院的党委书记。我回想自己这一辈子也算得上是兢兢业业、克己奉公了，觉得自己身上的这种精神品格离不开我父母的言传身教。我的母亲是小学教师，曾作为重庆市优秀教师代表出席全国人民代表大会。在

邵大珊与丈夫叶东炜的合影

我很小的时候，母亲就经常点一盏小灯，认真工作到半夜。我的父亲是《新蜀报》的副总编辑，在报社辛勤工作，有时直到后半夜才回来。小时候，我们一家人与优秀的无产阶级革命家张闻天也相熟，这些革命者的革命精神深深地触动了当时还年幼的我。所以尽管身处"文化大革命"时期，我和我丈夫仍旧意志坚定，坚信党的领导。除了在工作上尽力做好每一件事情以外，在家庭中我也尽心照顾和教育子女。丈夫去世之后，我不愿意成为子女的负担，选择自己一人独居杭州。

家风是一个家共同的默契，只有营造出良好的家风，家庭才会和睦向上；只有将家风传承下来，家族才会兴旺。每个家庭都和睦，每个家族都兴旺，我们的祖国才会更好地发展。家庭是社会的细胞，家风与村风、民风建设紧密相关，优良廉洁的家风故事对后世与身边人所产生的影响，如春风化雨，浸润延绵。在我看来，家风家教是一个家庭特有的文化的传承，是一种润物细无声的品德力量，而父母的以身作则、科学教育是最好的家风家教。良好的家风家教总是浸润在生活之中，是深深刻在骨子里又不经意间流露出来的一股无形的力量。因此，我和丈夫平时很注意以身作则，希望通过我们的示范，子女能够成长为对社会有贡献、对家庭有担当的人。幸运的是，孩子们没有辜负我们的期望，成长为社会的栋梁，能够为社会、为国家贡献出他们的一分力量。我的女儿邵凌在联合国做同声翻译，儿子邵峥曾是驻美大使馆一等秘书，我和丈夫都感到很欣慰。

做一个有益于人民的人

钱大同

我出生于旧社会一个普通的农民家庭。1956 年，我加入中国共产党，1958 年大学毕业后被分配到严州师范学校，一工作就是 26 年。其间我一直任学科教学，后来当了教导处副主任、主任和校长。1986 年，我出任杭州师范学校校长。工作期间，我兼任了两届杭州市政府咨询委员会教育组成员、杭州市第六届政协常委会委员，还任杭州市政府专职督学和浙江省政府第五届兼职督学。1999 年 8 月退休后在浙江绍兴、长兴、诸暨的民办学校工作了 10 年。

退休以后，我有了更多的学习时间。在家里，我每天都会花上几个小时的时间来读书看报，做摘录，遇到国内外的大事以及我感兴趣的内容时，我都会把它们摘录在我的笔记本上。我尤其关注教育方面的新闻，习总书记关于教育方面的讲话和论述，我都会认真研读。所谓"活到老，学到老"，只有不断地学习与思考，我们的思维才不容易僵化；也只有通过不断学习获得精神能量，我的生活才能充实。

这几十年来，我一直从事着与教育教学相关的工作，出于职业情结和对基础教育重要性的考量，我这辈子最后一件事就是希望完成"优化基础教育学校布局"课题的研究。为此，我进行了实地调查，不断地学习各方面的知识。我深知这个课题的研究并不容易，但认定的事情我一定要完成，只要身体状况允许，我会继续进行课题的研究、思考及文稿编辑工作。

工作 50 余年，我能够为教育事业做出一点贡献，根本上是离不开我们伟大民族精神的指引，离不开党和政府的培养，也离不开家庭的影响和熏陶。我认为，家庭是人生的第一课堂，家庭教育与一个人的成长有很大关系。对孩子来说，父母长辈也是老师，是他们的模仿对象，长辈的一举一动都会在他们的脑海里留下深刻的印象，他们的教育也就更容易被孩子接受。而我的家庭教育多是来自我的祖父母。我从小到大与他们共同生活，深刻地体会到了我们钱氏家族所流传下来的优良家风——好好读书，练好本领；艰苦奋斗，精益求精；为人正直，助人为乐。

我的祖父钱忠孝，我的祖母王福女，都是最普通的农民。他们虽然是文盲，却尤为重视对子女们的教育，认为唯有"好好读书，练好本领"，才能够有出息。小时候家里人多地少，生活并不富裕，土地改革时期我们家被划为"贫农"。祖父在农忙之余为人家箍桶赚钱，供晚辈读书，后来也成了家乡有名的箍桶匠。正是在"好好读书，练好本领"家风的熏陶下，祖父母 5 个儿子，即我的爸爸和叔叔们中，有 3 个都读到初中毕业，后来或是进入政府部门，或是从事工商管理、邮政事业等。我的父亲进入简易师范学校，曾担任小学老师；我的弟弟在当了8年的铁道兵之后，也进入民办、公办小学当老师。

我们一直谨记长辈的教导"好好读书，练好本领"精神，并以此来教育我的子孙后辈。现在我们家是四世同堂。

长辈的言行也教会了我艰苦奋斗。从小跟着祖父母生活，在他们的影响下，我参加各种劳动，割草、砍柴、喂牛、种田……记得小时候，天蒙蒙亮我就跟着祖父到山上劳动，山路崎岖，很容易受伤。但我不怕苦痛，就算受了伤，也只是在山上采一把草药，揉碎了摁在伤口上。

祖父也身体力行教会了我精益求精。我仍然留着他制作的木桶，至今已有六七十年，仍然完好坚固，桶盖与桶身严丝合缝，如同精致的工艺品。他的这种工匠精神，也为我起到了很好的示范作用。在这种工匠精神的影响下，即使我的工作消耗体力、脑力劳动程度非常大，我也尽力把每一件事做到最好。我教地理、哲学，实施教育管理，开设创新性课程等都精心设计，精细行动。就像现在说的"精准扶贫"，我们做任何一件事都要精确精准。我不仅这样要求自己，更是严格要求晚辈。

我时常感念于父亲给我起的名字，"世界大同，天下为公"，这个伴随了我一生的名字时时刻刻提醒着我要胸怀大志、顾全大局、诚恳待人。无论他人从事什么职业，无论是长辈还是后辈，都平等对待，一视同仁，友好相处。

从小接受的教育让我明白做人做事应认真仔细、精益求

《钱氏家训》书影及内文

精，不求荣华富贵、不求荣誉名利。我在任职期间遵循勤俭廉洁的原则，依靠学校师生员工的智慧和力量，杭州师范学校文明建设成果曾在全市全省全国领先。在建德教育局工作期间，曾经有人为修建校舍带了火腿到办公室求我，我告诉他："把火腿老老实实背回去，否则不要和我提任何事。你背回去了，我们会进行考察研究，如确有必要，也会落实项目的。"这事儿传出去以后，人人都说我就是个"打不进"的局长。

我的祖父忠厚老实，在家乡被人们尊称为"大和尚"，他"乐于助人"的精神至今仍深深影响着我。我家在峡谷中，人们上山时有一条山路非常不好走，这条山路就成了令不少人头疼的问题。于是我的祖父扛着铁锹一点点把山路变成了比较牢靠的台阶，遇到冰雪天与狂风暴雨时，他还会去加固。家乡缺粮的情况经常发生，一旦收成不好，家里粮食不够，人们就需要翻山越岭到安徽挑米。我翻阅过家谱，我祖父为了家人能度过粮荒，一年六个月连续挑米十一趟，其中艰难困苦，可见一斑。然而，他发现邻居因身体不好无法挑米时，便将那些在山路间经过颠簸辗转，好不容易挑来的米大方地借给了邻居，诸如此类的事情还有很多。同乡付不起工匠钱时，我的祖父都会给他们赊账；山上有个小木桥不牢固，祖父一定会跑去修葺；家里虽然贫穷，但一旦有客人来做客，不论是谁，祖父母一定会把所有好吃的东西都拿出来……

这种乐于助人的精神始终教导着我，引领着我。毕业以后工作，我想着一定要为家乡建设做点贡献，因此捐了一点款，帮家乡修路、造学校。从事教育工作 50 多年中，我全心全意为师生员工服务，我关心学生们的生活健康。在严州师范当班主任时，看到学生身上的衣服有破洞，我就把自己的衣服给他们。当学生买日用品缺钱时，我就送钱给他们……我的老伴在这方面做得比我好，她特别关心体贴学生，尤其是那些家庭贫困的学生，以至于我们的孩子常常半真半假地抱怨，"你俩对待学生都比对待我们子女还要好"。

我的祖父母，世代钱氏人，在与大自然的相处中，在生产生活中，在和各族人民的交往中，铸造了勤劳勇敢、艰苦奋斗、团结友爱的性格特征。我始终认为我们应该传承这些基因，像先祖们那样践行好人生价值，做一个有益于人民的人。

优良家风 传承品质

任顺木

温和待人，严格育女

认真，是一种常被人们挂在嘴边却难以持之以恒的优良品德。这么多年来，我一直坚持用认真到极致的态度对待任何事情，在教学上如此，在待人处事上也是如此。在杭师大任教期间，我坚持给学生授课，并提出教师要把复杂问题简单化，把抽象问题实际化。因为我教授的数学是一门抽象的学科，教师只有把它放到实际生活中去，学生才好理解。在执教生涯中，我尽量让自己的教学既具备严谨的态度，又不失生动的形式。令我欣慰的是，我的学生中出了许多优秀的人才。但我知道，优秀的学生并不是我骄傲的资本。不管何时，不摆架子，不高抬自己，尊敬身边的每一个人，是我为人处世的准则之一。

我希望将这种极致认真的精神传承给女儿，所以对她的教育很严格。不管什么时候，我都要求她不能松懈。从小学起，我就在学业上严格要求女儿。说到这儿，就不得不提一件令我十分骄傲的事情，在一次杭州统考中，我女儿发现了试题中有 6 个错误，这足以说明我的女儿学会了用极其认真的态度对待事情，我对她的教育确实给她带去了有益的影响。在我严格的要求及言传身教下，女儿在学习方面的表现一直十分突出，多次获评"三好学生"。高考时，经过不懈努力，最终考上了北京国际关系学院，并入读当时十分热门的翻译专业。我想她之所以能取得如此优异的成绩，考上理想的大学，很大一部分原因就在于她的认真。我很高兴，认真这一品质能在我和我女儿之间延续下去，我更希望它能成为我们家风中重要的一部分，代代相传。

家风优良，孝顺为先

上虞儿女一直被认为是孝顺父母的典范，我的女儿和女婿也是极为孝顺之人。我以前就教育女儿要学会做人，首先要做一个孝顺长辈、对国家有用的人。女儿的确记住了我的这句话，从来没有忘记过要将孝顺父母放在第一位。我的女婿是清华大学浙江校友会的会长，毕业后创办了自己的 IT 企业，在事业上有所成就，但是女儿女婿并没有因为工作就疏忽对长辈的陪伴。我和我老伴退休之后，女儿女婿带着我俩四处游玩，前前后后总共去了 30 多个国家，比如美国、俄罗斯、印度、马来西亚，以及欧洲各国……女儿女婿对我们说，只要我俩走得动，想去就去！女儿女婿一直以来的耐心陪伴，是我和我老伴晚年生活中最幸福的事情。

百善孝为先，孝顺作为中华民族的优良传统，能在子女身上得到体现，与长辈的教育有着分不开的关系。我想，我的女儿女婿能如此孝顺我和我老伴，与我们的家风家训有着很重要的关系。今天女儿的百般孝顺，都是幼年时我们对她谆谆教导、言传身教下的结果，正是优良的家风家训，塑造了女儿优秀的品质。

家庭和谐，相互尊重

我和我的妻子是小学、初中同学，双方的家就隔一个村，我们是大学毕业后在一起的。由于工作分配，我们分居两地近 10 年，全靠书信联系，直到 1976 年才在杭州相聚。但是我们夫妻关系一直很好，也一直被同事们认为是模范夫妻，是青年人学习的典范。我相信我与我老伴的相处模式对女儿女婿有很深的影响，我们一家四口人住在一栋房子里，人虽多，但矛盾少，家人之间的一切关系都协调得很好。

子女都是独立的个体，所以我一直都很尊重子女的意见，但尊重不代表放任。在毕业选择去向时，女儿提出了出国的想法，在当时的大环境下，翻译是个热门且抢手的专业，高等学校翻译专业的毕业生是市场上的香饽饽，国家领事馆等许多机构都向女儿抛出了橄榄枝。然而，我想让女儿在国内发展，为国家建设做贡献。于是我跟她做思想工作，告诉她真正优秀的人才一定是具有强烈家国情怀的，劝她不要出国。最终在我的耐心劝导下，女儿接受了我的建议，留在国内，进了一家外贸公司，干出了不错的业绩。我尊重子女的意见，但也会为女儿着想，给出自己的恳切、贴心建议。不过现在我们老了，更多地将决定权交给子女。对我们来说，照顾好自己，不给子女添麻烦，就是对子女最大的帮助。

古人言："人生内无贤父兄，外无严师友，而能有成者少矣。"我对这句话深信不疑。子女的卓越成就、家庭的和睦融洽与家风家训有着密不可分的联系，优良的家风对塑造子女美善人格、营造家庭融洽氛围起着十分重要的作用，许多成功者身上的优异品质都是在良好的家风环境中形成的。因此，我非常重视家风建设，认真、孝顺、和睦、尊重又有约束，是我对我们家庭家风的定义，希望这样的家风能传承下去并且历久弥新。

任顺木与他的家人合影

耳濡目染　不学以能

王开阳

　　旷日持久的战争使塘栖古镇的名门大族纷纷没落，我祖父眼看自己苦心经营的商行回天无力，也索性跟着一关了之。

　　祖父替4个儿子分完家，无产了，没一点儿需要他办的事情，于是便常在父亲的店铺里打发时光。但他毕竟是小镇上有头有脸的人物，虽说是坐店，却也禁不住地招呼过往的熟人，或者站着聊几句"今天天气……"什么的，看着也够累的。

　　祖父仙逝后，父亲没了帮手，有时要外出办事，不得不将刚放学的姐姐叫去临时照看一下店面。遇到顾客上门，我姐一问三不知，弄得顾客嘀咕着转身："大人上哪去了？连送上门的生意也不做？"我姐只好很尴尬地朝他们笑笑。

　　每天清晨，天还朦胧着，母亲便帮着我穿衣裤，牵着我走进昏暗的灶间。在灶台旁，她摸索着取出一盒火柴，"嚓"

的一声，灶膛里便开始忽闪着灿黄灿黄的光，一直漫延到屋子的旮旮旯旯，我也从灶间的边门踏进了静寂空旷、雾气弥漫的院子。

老宅的院子很大，东面有高高的围墙，靠院子的一头伸出一截，是一座超过二层楼房的马头墙，错落三叠，南面是厅堂和卧室，西面紧挨着一条大弄堂。院子正中，是一条浇铺了水泥的细长小路，一头通向厅堂，一头通向柴房，路边有两条斜对着的长条石凳。由于长久没人收拾整理，院子里的泥地裸露出板结的土块，只有一株差不多一人高的石榴树，孤单单地向四周伸展着细小的枝叶。

在幽暗的院子里，我照例开始了晨间默读，从语文到历史，从历史到语文，不断地变换着，一遍又一遍。直到母亲对着院子喊："囡囡哎，早饭烧好了，吃了好早点上学哦。"我才结束这自创的早读习惯。

父亲看重也讲究礼数，无论对谁都生怕亏了礼，给人留下深刻的印象。我大叔一家吃口多，据说快要揭不开锅了，父亲赶紧买一袋米送过去；在老家没一点根基的小叔在动荡的时局里丢掉了外地的工作，不得不拖家带口地投靠老家人来了，父亲又想方设法为他们匀出住房，并叫人拆了后院的柴房，卖了钱帮他先把家给安顿下来；星期天，我的那帮小伙伴在前厅里上蹿下跳、拆天拆地，不是碰破了什么摆设，就是弄坏了雕花座椅，最后经过店堂一脸尴尬地离去的时候，父亲还很真诚地对他们连声说"常来，常来！"

在我的记忆里，母亲极少出门，虽然古镇很小，街道也不长，但她总习惯大门不出，宅居几乎成了她的全部生活。

在家里，她也特别平和安静，从不唠叨，不数落人，也不关注各房里的家长里短、妯娌间的那些糗事，更不问外面的世界，除了煮饭做菜洗衣，几乎整天都半躺在厅堂里一张靠窗的藤摇椅上。母亲的这一"习惯"很令我好奇，连路过厅堂的堂姐妹们也挺诧异：大娘为啥老是跟摇椅做伴？

直到我年长之后，自己也因病痛而静静地坐在里屋的藤椅里，无心顾及旁人的感受而厌烦喧闹的时候，才恍然大悟：一定是因为母亲身体不适，或疼痛，或乏力，或眩晕……只是她不说我们不得而知罢了。

"塘栖街上落雨——淋勿着"，那些几乎覆盖了镇子上主要街道的廊檐，一度被人质疑：这一路遮天蔽日的古老建筑，使整天在店铺里忙活的商家得不到一丁点儿的阳光，人类最需要享受的东西被它剥夺得一干二净，显然有碍人体健康。直到今天，还有人疑虑重重：旧时塘栖多肺痨，跟这廊檐建筑究竟有多大关系？我当然倾向于"质疑派"，因为我父亲也不幸染上了这种治疗过程漫长、挺折磨人甚至弄不好要人命的疾病。

父亲患病之后，为了支撑这个快要塌下来的家，还没成年的姐姐将在外地求学的机会让给了我，决然地离开了她深爱的学校。而这，对于她来说，也就意味着永远地丧失了进入梦寐以求的"象牙塔"的机会，永远地失去了当代人十分看重的身份和地位，接受了一辈子小镇人的生活。在那里，她拜师学医，成为"沈氏中医外科"最早的传承人。她遭遇的困苦比我多得多，人生也难说圆满，但在守护、侍奉父母双亲方面，却不留一丝的愧疚和遗憾。

　　一般人家大多不会有明文的家规祖训，但一家数口在同一屋檐下朝夕相处，终究会产生相互作用和影响，这种作用和影响就是韩愈所谓的"耳濡目染，不学以能"。

四世同堂的故事

沈慧麟

　　好家风是一个家庭紧密团结、相亲相爱的源泉。很多人对于我们一大家子能生活在一起的生活方式感到惊奇与羡慕，对于现在的青年一代甚至更年轻的孩子来说，与父母住在一起的生活方式是无法接受的，但我的女儿却主动提出这样的方式。全家老小共住一个屋檐下，是我们家代代相传的生活方式。在如今这个快节奏且容易浮躁的时代，家庭矛盾是很多家庭特别是家族式家庭所烦恼和痛苦的，但我们一家人却始终能够和谐相处。

　　我和妻子都非常重视对子女的教育工作，也都非常尊重孩子的个人想法。令我们欣慰的是，女儿没有辜负我们对她的期望，从小就非常优秀。我和妻子一直为我们有这样一个女儿而自豪，原因不仅仅是女儿在事业上有所成就，更是她长成了一位善良正直、爱护家人、对社会有贡献的人。我可以感受到我的女儿是发自内心地尊敬和爱护着我和妻子。她

沈慧麟与妻子在一起

曾经对我说过她从来没有过离开家与我们分开住的想法，即使要搬家也会先问我们对新房有什么要求，会先考虑我们的想法。正是因为家中的每一个人都能互相尊重、相亲相爱，所以我们一家一直被评选为"优秀家庭"，我的女儿也被评为"优秀媳妇"。

总结来说，我们家一条核心也是最珍贵的理念就是：家庭中的每一个人都应摆正自己的位置。家中的每个成员都要做到实事求是、尊重他人，大人要有大人的样子，小孩子也要有小孩子的样子。长辈可以教育小辈，但是教育的前提是长辈自己要做到，否则就是毫无道理的，这就是所谓的"打铁还需自身硬"。对于长辈来说，要时时刻刻记得以身作则，要注意有小辈在观察和模仿你。长辈还要从小就教育小辈，不要做没有意义的事。小孩子习惯哭闹，例如害怕打针，但无论小孩子怎样哭闹，也无法逃避要打针的事实，既然这样，不如教育小辈坦然面对，即使有恐惧也不要慌张。而小辈要培养自己的判断能力，要听长辈的意见，但是也不要全盘吸收，要做一个有主见、有自我意识的人。但即使小辈觉得长辈的说法有误，也应该仔细斟酌考虑，而不是一股脑儿就认为是错误的，要看到并学习长辈身上好的一面，培养好的习惯，比如谦让。我认为，这才是我们现在这个时代所应该倡导的家风。

家风是传辈的，我的母亲虽然因为生于战争年代，读书不多，但不妨碍她成为一名被邻里尊重、被小辈喜爱的伟大女性。每件日常的小事，都映照着她的品质。她通情达理，又很细心地观察身边的人和事，很少去抱怨他人。即使邻居做了不好的事，她也会用和气的方式去解决。在我的眼中，我的母亲是个大气的女性，从不会和人斤斤计较，所以我一直非常尊敬并深爱着我的母亲。我的母亲总是教育我：如果要说，就要做到；如果不做，就不要说。她是这么说的，也是这么做的。她关心邻居，曾经为一位邻居奶奶专门做了一双小脚的布鞋。这是别人都没有想到的，而她不仅想到了，还做到了。在那个战争年代，人们总是四处辗转，到处搬迁，我们家也不例外。我们一家人辗转去了很多地方，可是无论到哪里，我的母亲都能和身边的人打成一片，无论在哪里也都能受到别人的赞誉和爱戴。母亲对邻居尚且如此热心肠，对家人就更是无微不至、百般呵护了。正是由于母亲强大的榜样作用，我在潜移默化之中继承了母亲为人处世的一些原则，也在不知不觉间继承了母亲的教育方式，总是格外尊重长辈。我习惯于把家中最好的、有阳光的房间给自己的母亲居住，然后按辈分大小进行安排，即使女儿结婚后也是如此。女儿女婿也从没有什么异议，觉得这是一件自然而然的事。

"其身正，不令而行；其身不正，虽令不从。"我一直认为要别人做到，首先自己要做到；要以理服人，以德服众。在我的影响下，我的家人也是如此。我们一家人一直温馨和睦地生活在一起，因为家中的每一个人都既懂理又互相尊重，并且常常进行自我反思，每个人都具有极强的家庭责任感、社会责任感。我和妻子在结婚50周年的时候做了一个早在10多年前就商量好的事情：将遗体、眼组织以及其他可用组织，全部捐献。决定捐献遗体最初的触动，也来自我母亲。她死后就没留骨灰，没弄坟。早在20世纪60年代，母亲就和我们讲她的身后事要从简。我和我妻子都觉得自己应该比母亲更进一步，在离开人世的那天，将遗体无偿捐献出去。我们觉得不要给小辈添麻烦，不用举行追悼会，不用修坟造墓，每年也无须上坟，把好的品德、习惯、做派这些精神上的东西传承和延续下去才更有意义。我的妻子已经去世了，她的遗体已经无偿捐献出去了，捐献遗体是我们夫妻俩最后的约定。

中华民族历来重视家庭，正所谓"天下之本在国，国之本在家"，家和万事兴。国家富强，民族复兴，最终要体现为千千万万个家庭都幸福美满，体现在亿万人民的生活不断改善。千家万户都好，国家才能好，民族才能好。好家风是祖辈经历沧桑岁月，用汗水和智慧结晶出来的精神财富，不应该被丢弃和遗忘，我们应当好好继承和发扬。

做事「顶真」 做人真诚

——家风代代传

徐达炎

对于我们家来说并没有十分明确的、形成文字的家教家训，但"做事顶真，做人真诚"这几个字，似乎是我们家族几代人基因中的"源代码"。

做事"顶真"，无愧于心

我8岁时，母亲就因病去世，我们5个兄弟姐妹被在布店做工的父亲与做针线活的祖母含辛茹苦地养大。父亲虽只有小学文化，但做事非常"顶真"，用杭州人的话讲，就是"一点一划"的性格。

我上高中的时候，父亲在家乡桐乡屠甸镇供销社的蚕茧收购站工作。我记忆最深的是有一年夏初，正值蚕茧收购季节，父亲不仅白天工作，晚上还要在茧站值班，而那个茧站据说闹过鬼，没人愿意晚上去值班，只有父亲不信邪，拿着手电、木棍住了过去。一天晚上，祖母突然患了严重的胃病，而父亲因职责所在，不能回家，就赶紧托人通知在桐乡读高中的我，让我请假回家照顾生病的祖母。做一件事，就一定要尽心尽责，这就是父亲的性格。

父亲中年丧妻，但为了我们5个孩子，他坚决不续弦，一心一意培养我们读书成材。"锦荣伯（我父亲姓徐名锦荣）了不起，5个子女，个个有出息。3个儿子大学毕业，两个女儿中专毕业，还有个女婿在杭州当医生。"这是20世纪七八十年代屠甸镇街坊邻居中流传的一段"点赞语"。能做到这点，在当时是很不容易的，由此可见平凡的父亲那可贵的"顶真"精神。这种精神也一直影响着我们。

我和二哥做事有一个共同点，就是事无巨细，都要详细地列一个清单，写上"一、二、三、四……"，然后不折不扣地严格按照步骤完成，哪怕去买个菜也是如此。这有时会引起家人的"嘲笑"，说我们是"悖时鬼"，但这似乎已成为我们性格的一部分，很难改变。当然，有时因为过于"顶真"，也会自讨苦吃。

20世纪60年代末，我大学毕业后被分配到缙云县，当了一名山村教师。有一年寒假，我组织两个班的学生利用微积分中"以直代曲，无限分割，无限积累"等原理，开展田野应用设计课程。严寒中，我在山间爬上爬下，得了重感冒，但为了做好这件事，我咬牙坚持，最后感冒并发胸膜炎，被送到医院抢救，差点送了命。不过我据此实践经历写成的《一种移山填谷平整土地的测算方法》，被国家级刊物《测绘通报》刊载，并被收入当时武汉地区的中学教材。因

徐达炎与他的父母及兄弟姐妹合影，戴红领巾者为徐达炎（摄于 1954 年）

此，这种"顶真"，也算值得。由于工作认真负责，1985 年 9
月我被浙江省教育委员会授予"省优秀教师"称号。

　　1986 年暑期我和爱人调回杭州，我在杭州师范学校当了
两年班主任及数学老师。1988 年起，任杭州师范学校副校长
达 12 年。在这期间，除了做好行政工作，我还参编了两本
教材：一本是受国家教委师范司委托，由我和深圳教育学院、
北京三师、武汉一师的老师合作完成的《初等数论》，供全国
中师大专班用，于 1995 年 2 月由开明出版社出版；另一本是
应浙江省高等自学考试委员会委托，由徐宪民教授主编（时
任浙师大数学系主任，后任嘉兴学院院长）、我参与编写的
《高等数学基础》一书，供浙江、福建两省高等自考小教专业
用，于 1995 年 12 月由杭州大学出版社出版。在杭师时期，

我多次被评为"杭州市教育系统优秀党员""先进工作者"。

2001年初至2006年，我任杭师院成人教育学院院长兼机关第二党总支书记。

2004年成教学院的科研论文《积极推进高等成人教育信息化进程的实践与探索》（我是第一作者）获省教育厅高校优秀科研成果二等奖。成人教育是二线教育，能获此奖已是不易之事。

2006年退休后，我一直任退休党支部书记，2019年初进入学校离退休工作领导小组。10多年来，我一直尽自己的努力做好这些工作，2017年度被学校评为"优秀党员"，还两次被评为"健康老人"。

我爱人是我的大学同学，毕业后一起去缙云工作。调回杭州后她曾在朝晖中学、向阳中学工作，由于工作认真负责，多次被评为"校先进工作者"，1995年由全校教师无记名投票，票数最高而被评为"杭州市第七届优秀园丁"（比优秀工作者更难评），获奖金300元，妻子全部捐给浙江省青年成才基金会（希望工程）。

我们夫妻两人大学毕业后，都分配到艰苦山区工作，所以将儿子徐骏寄养在杭州的外婆家。儿子小时候学习上没人督促，成绩不理想，初中毕业后进了职高。我们调回杭州后不久，儿子也工作了。这一时期，不知怎么，儿子忽然"开悟"了，似乎也秉承了"顶真"精神，开始利用业余时间发奋学习，从大专、本科，一直到获得浙江大学的硕士学位。

因基础差，英语一直是儿子学习中的"拦路虎"。大学英语三、四、六级全国统考，儿子每一级都要考三次才能过关，屡战屡败、屡败屡战，一共"一根筋"地考了9次，才最后过关，拿到学位。

几年前，儿子还花了近五年时间，通过大量的考证和搜集资料，将他童年玩耍处的一个牌坊（松木场"浩气长存"牌坊）背后的故事挖掘出来，撰写出版了30万字和600多幅图片的《八十八师与一二八淞沪抗战》一书。我觉得，这些都是"顶真"的一种体现。他1994年进省委办公厅工作，曾先后12次被评为"厅优秀党员"及"先进工作者"。

徐骏（徐达炎儿子）2019年4月9日发表在《杭州日报》"倾听，人生"专栏的文章

做人真诚，融洽相处

我家三代人，父亲、我、儿子分别是 50 年代、70 年代、90 年代入党的。我父亲虽然没有什么物质上的家产留给我们，但他将"顶真、真诚"的品格传给了后辈，这一品格还会被继续传承下去，我认为这是最好的家产，是无价之宝。

"做人真诚"，说白了就是与人相处简单直白，人际关系不复杂，没有什么小心思、弯弯绕，人家滴水之恩，就算无法涌泉相报，也要常怀感恩之心，对家人、同事和朋友，都应如此。

父亲虽文化不高、家境贫寒，还上有老下有小要抚养，可他在老家小镇上还曾被选为街长。在他朴实的价值观中，不管是谁，只要给过他哪怕一点帮助，都应牢记在心，就算拎几只桃子、橘子上门，也一定要表达心意。

抗日战争时期，父亲曾被日本兵抓去当苦工。当时有个翻译是父亲的老乡，知道父亲家境可怜，就想法偷偷帮父亲逃了回来。后来，这个翻译被定为汉奸，父亲却不忘此恩，仍悄悄地帮助、救济其家属，他们也被父亲的真诚感动。

我与我爱人是大学同学，我们结婚近五十年，风风雨雨走来，一直是相濡以沫、不离不弃、以诚相待。尽管我有时脾气不好，喜欢钻牛角尖，常常惹爱人生气，但没过多久，必定是我"无条件投降"。因为当初我爱人，一个杭州姑娘，能看上我这个乡下"傻小子"，是我一辈子的福分。

记得我们刚调回杭州不久，还住在教工宿舍里，晚饭后，我常牵着爱人的手，迎着夕阳，在美丽的校园中散步，被住校的学生看到时，他们会偷偷地笑我们："徐老师这么大年纪，还这么浪漫！"我爱人有些不好意思，我说："怕啥！老夫老妻就是要牵着手、一起走。"

我们一家三代人，沟通融洽，每逢有人过生日，无论老少，都会举行一个小小的仪式，分享一个小蛋糕，吃一碗长寿面，送上一句真挚的祝福，来一个感恩的拥抱。

"顶真"和"真诚"，虽有时会被人笑作傻，但相比"马虎"与"圆滑"，我们做事做人更无愧于心、无愧于人。我想，这也是我父亲、我、我儿子及后代所应秉承的一种"家风"吧。

读万卷书　行万里路

——我的书房故事

张钰林

　　我的书房墙上挂有一幅书法作品，那是 20 世纪 70 年代末我在陆军驻江苏某部任职时，著名书法家江波先生题赠的《读万卷书》。这幅伴随我半个多世纪的书法作品，正是我毕生的信条、追求和家传。

　　我自小喜爱读书。20 世纪 50 年代在杭州灵隐小学读书时，聪慧好学的我算是学校的"名人"。老师常说，我的考卷就是标准答案。课余时间，我是学校阅览室的常客。1958 年下半年，我升入六年级。当时学校要采购一批图书，老师特地把我带上，让我一起去选购同学们喜爱的新书。那是我第一次走进杭州最大的新华书店——解放路新华书店。看着满屋满排的新书，我十分激动。凡是我喜欢的书籍，尽往老师的筐里装。老师去结算时，我就找一堆喜欢的书，坐在一个角落里尽情地阅读。老师好不容易找到我时，只见我满脸通红，情绪高昂，原来我是憋着尿在看书呢。刚出新华书店

江波先生题赠给张钰林的《读万卷书》书法作品

大门，我就对老师说尿急，这时已经来不及找厕所了……以后，老师常把我"看书忘尿尿"的事讲给同学们听，以激励大家好学上进。正因为我勤奋好学，表现优异，1959年我光荣地参加了杭州市第一次少先队代表大会，受到了表彰和奖励。

我的书柜里珍藏着一本商务印书馆1962年修订出版、1965年重印发行的《新华字典》。这算是我平生购买的第一本书。说起这本《新华字典》的来历，也有一个好学的故事。1965年8月，我考入中国人民解放军南京外国语学院文学系。1966年上半年，我们在安徽贵池参加"社教"运动。当时我与姚厥懋同学负责一个国营企业的"社教"工作。同样喜爱看书的两人，工作之余常常谈论与读书相关的话题。有一次，我们为了一个字的读音相持不下，于是在一个炎热的午后，硬是步行10余里路到池州城里的新华书店，专门买了这本《新华字典》，终于把争论的问题解决了。直到现在，这本被我翻阅了50多年的新华字典，尽管已经破损，但仍是我的最爱，一直陪伴我看书学习、研究写作。

在部队的20多年里，从学员、战士到干部的历程中，我都会从有限的津贴和月薪中拿出相当部分来购书。可以说，读书、购书一路伴我前行。随着我的书籍数量不断增加，如何存放书籍成了大问题。我多么希望有自己的书柜和书房，可那时这只能是臆想。1972年，我在团政治处工作时，请人用两只废弃的炮弹箱改做成一个简易书箱。这个简易书箱打开就是一个两层书架，合拢就是一个可以提走的书箱。这个箱子虽说不怎么好看，但比较实用，能存放我当时拥有的近百本各类书籍，给我的学习和工作带来了极大的帮助。1979年，我任师政治部宣传科长时，后勤部门搞来一批木材为团职干部打造家具。我提出宁可减少其他家具也要定做三只书柜。于是，我就拥有了梦寐以求的立式书柜。我非常喜欢这三只亲手设计且非常实用的书柜。此后多年里，尽管我的工作单位和职务多次变换，但这三只书柜始终与我相伴。

在我的军旅生涯后期，卧室兼书房是我学习、工作的主"战场"。在这里，我如饥似渴地系统学习了马恩列斯的选集、毛刘周朱选集，系统学习了哲学、政治经济学、科学社会主义等理论原著，以及中央各时期的重要文献等，打下了比较深厚的理论基础，积累了比较扎实的理论功底，为我在部队开展政治教育和理论教学工作并取得成效提供了有力的支撑，也为我转业后在高校从事政治思想教育和理论研究宣传工作并卓有成果打下了坚实的基础。在20世纪80年代

张钰林在书房

中期的百万大裁军中，我转业回到杭州，当时丢弃了许多家具，就是舍不得丢弃这三只书柜，把它们带回杭州家中继续为我服务了许多年。

后来，我的书房经历了三次升级。1987年，单位分配给我一套三居室，我立马把两个朝南房间中的一间做成书房，从部队带回的三只书柜占据一面墙，装满了我20多年收藏的各类书籍。这是我第一次拥有独立的真正意义上的书房。我把珍藏多年的《读万卷书》书法作品装裱一新，挂在书房最醒目的位置，以时常激励和鞭策我"读万卷书，行万里路"。1999年"房改"时，我分到一套面积更大一些的房子。在装修时，我忍痛舍弃了从部队带回、但已经不能容纳我全部书籍的三只书柜，定做了两面墙的整排书柜，数千册书籍装得满满当当。2019年，女儿特地为我们夫妻俩换购了一套电梯房，面积扩大了近一倍，我又一次把其中一间朝南的房间做成书房，并定制了三面墙的书柜，装满了我的万余册藏书。此外，除了书桌还增加了摆放扫描机、复印机、打印机的工作台，书房建设又上了一个台阶。我的大学同学姚厥懋专程来参观了我的新书房，还专门写了一篇博客发布在网上，引来无数点赞。

30多年来书房的三次升级，为我的学习、工作、研究创造了更为舒适的环境，提供了更为优越的条件。在书房里，我静心阅读，潜心研究，精心写作，细心编辑，取得了一定的成绩，为社会做出了应有的服务。

书房里，装载着我50多年来购买、收藏的各类书籍万余册。有革命导师原著，有新时期以来党的重要文献，有历史系列丛书，有成套的中外名著，有丰富的相关专业书籍，有军事文献和教材，还有桥牌运动的相关书籍……当然还有我自己的著作、发表论文的原件和参与编辑的各类出版物。可以毫不夸张地说，书房就是我和我家的图书馆、阅览室。

在书房里，我经常学习革命导师的理论著作，及时学习邓小平、江泽民、胡锦涛、习近平等中央领导人的理论著作和新时期中央重要文献，比较系统地阅读学习了党建理论、统战理论、心理学、高教管理以及人文历史方面的书籍，不断武装自己、充实自己、提高自己，始终紧跟时代的步伐，砥砺前行，为新时期中国特色社会主义事业、为"两个一百年"奋斗目标的实现，发挥自己的力量。

在书房里，我撰写了140余篇理论学习、研究、宣传文章，其中大部分发表在《浙江日报》《杭州日报》以及其他相关杂志上，获得各级各类奖励的有40多篇。1988年结集出版了《春华秋实》理论文集。浙江省社会科学界联合会原党组副书记、副主席蓝蔚青教授评价说："改革开放以来，我省社科工作者为研究和宣传中国特色社会主义理论做了大量的工作，张钰林同志就是其中的突出代表。近十几年来，每逢中国特色社会主义理论有重要成果问世，在报刊上总能很快看到他发表文章加以阐述宣传。收入本书的只是其中最有代表性一部分。"这是对我的极高褒奖和极大鼓励，《杭州日报》还专门作了介绍和推介了这本书。

在书房里，我多次应邀为浙江省委教育工委编辑相关书籍，如参与编辑《高举时代旗帜 加强高校党建》，担任《青年学生入党教材》《新编青年学生入党教材》《新编青年学生入党教程十讲》的主编或副主编，应邀参与杭州市委宣传部《思想政治工作理论读本》的编辑，负责编辑杭州市宗教研究会的《宗教研究 服务社会》《弘扬宗教文化 建设和谐社会》，还主编或参与高校有关教材的编写，如《实用临床心理医学》《中国革命与建设教程》等。另外，还多次应邀参加全省高校理论学习中心组的年度论文评选工作，为《高校思想政治工作》杂志编辑专栏。这是领导机关对我的信任和肯定。

书房印证我"读万卷书"的勤奋历程，记录我"行万里路"的社会贡献，也承载我"读万卷书，行万里路"的家教和传承。

好家风，会传承。我在部队工作20多年，限于当时的客观条件，我不能时常亲自教导孩子。但每次休假探亲，我总要为女儿带去许多书籍，以培养她读书的爱好和习惯；每次家属来部队探亲，我总会抽时间带女儿去新华书店，为她选购适宜的读物。女儿也在我的言传身教和潜移默化中，从小养成读书的好习惯，成为品学兼优的好学生。

好家风，代代传。在我们父女的示范和影响下，外孙女也成长为喜爱读书、好学上进的时代青年。从幼儿园到小学毕业，外孙女一直与我们二老生活在一起。幼年时，我的书房是她的玩处，除了摆放她的玩具，我的藏书也成了她的最爱；上学后，我在书房里增放了一张书桌和一台电脑，我们祖孙俩经常一人一桌，看书阅读。平时我带她逛杭州各家新华书店，让她挑选自己喜爱的读物，还专门腾出一个书柜给她使用。外孙女好学勤学巧学，表现出"青出于蓝而胜于蓝"的趋势。今年，女儿家新房装修，也为外孙女专门设计了一间独立的书房，里面满是她从小到现在购买和收藏的书籍，而且还在不断增加，这让我倍感欣慰和自豪。我与外孙女商定，将我书房里的《读万卷书》书法作品移挂到她的新书房，传承和光大我家"读万卷书，行万里路"的好家风。

读万卷书，行万里路。我的书房，记录了我的人生，传承着我的家教，彰显出我的家风，也必将继续展现我家的美好生活和灿烂明天。

我的家风

黄宁子

独立自主、一视同仁的成长氛围

翻出父母从前给我写的信件，信纸的边缘泛黄了，个别字已微微模糊了，但字里行间的关切和爱意却依然动人。我的父母与大多数父母不同，大多数父母巴不得将孩子生活的每一个细节都照料到，而我的父母则采取放养态度。他们提倡孩子尽早独立，注重培养我们的动手能力，我们小小年纪就为父母分担了家务活。妹妹虽然年纪小，但是十来岁时就在家里帮忙烧饭。小小的孩子干家务活时不免会遇到困难，但我们的能力确实得到了很好的锻炼。我的父母除了有培养孩子独立的学习、生活能力这一前卫的教育思想之外，还从来不重男轻女，对所有孩子一视同仁，使每个孩子都在平等的家庭环境中长大，促成了整个家庭和睦融洽的氛围，也非常有利于我们健康人格的形成。

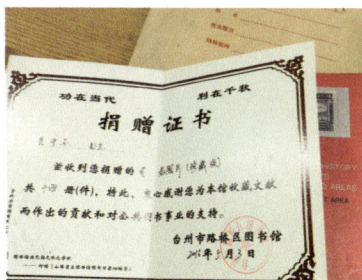

黄宁子的捐赠证书

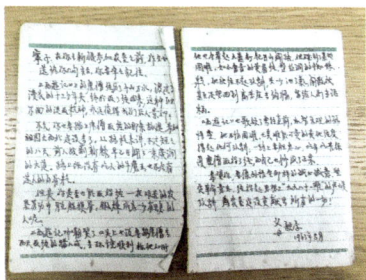

父母写给黄宁子的信

父母对孩子兴趣的培养

在我的收藏品中，夹在书信与邮票中的是台州市路桥区图书馆的捐赠证书。受父亲解放后把家里的藏书都捐给了家乡文化馆的影响，我也捐了许多书。其中，最为珍贵的便是《老照片》。从第一卷的清朝《老照片》到2016年以后再出版的《老照片》，我都想办法收藏起来，最后捐给了家乡图书馆。我所捐的《老照片》共有合订本22册，每册四五本，共100本左右。捐书不仅可以有效地促进社会公益事业的发展，而且有利于一个城市的文化建设。

书信也是我收藏品中重要的一部分。1963年我赴新疆护边，从那时起我就把与父母、朋友、同事的每一封书信收藏好，一直保留至今。收集的书信有很多，但其中有一封信令我印象深刻，那是父亲亲笔写给我的，主要内容是鼓励我要有百折不挠的精神。援疆前夕，我的父亲还送了我三件礼物，我也一直珍藏至今。援疆期间，免不了会有不适应、不习惯的时候，免不了会有受到打击感到挫败的时候，免不了会有异常想念家乡、亲人的时候……每当这种时候，我都会将父亲寄来的信翻出来，读一读，将父亲送给我的礼物拿出来，看一看。父亲质朴又不失真挚的语言给予了我很大的鼓舞，朴素但珍贵的礼物很大程度上平复了我的心情。多亏了父亲的信和礼物，它们使我在援疆的过程中能一直保持着坚定的信念和对援疆工作的热忱，所有的纠结和不安、理想和抱负，都在援疆生活的大熔炉里淬炼，让我成长，实现人生价值。

　　我的收藏品中还有一种物件——邮票。1956年，我在家中抽屉拿了两块钱买了一些邮票，那时的两块钱可是一笔巨款，但父亲看到我买的是邮票，却没有责骂我。等到家里四兄妹都工作后，所有的邮票都交给了父亲，父亲在此基础上开始集邮。现在，父亲把当年所集的邮票都还给了每一个人，中南解放军邮票给了妹妹，东北解放军邮票给了弟弟，西北解放军邮票则给了我。这是兴趣的传承，也是家风的传承。

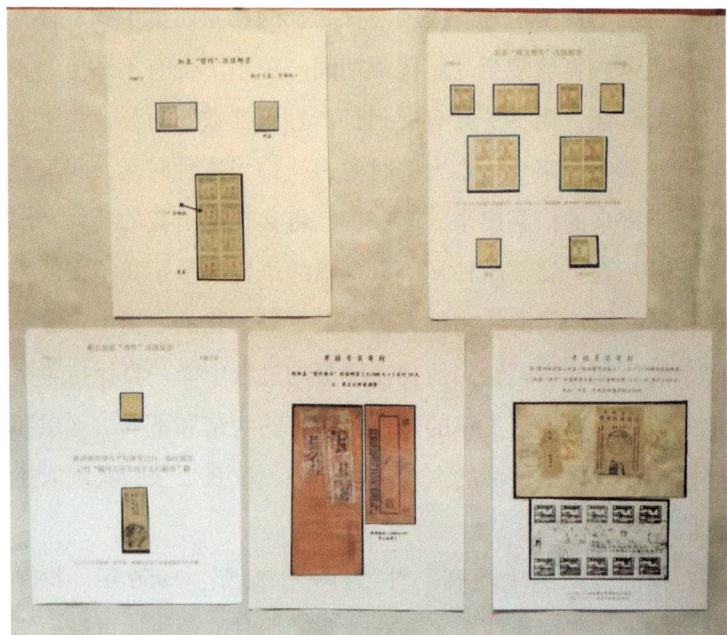

黄宁子收藏的邮票

轻物质、重精神的家风

父母去世后，我们四兄妹对遗产都表现出一种不争不抢的态度，与当今社会一些为争夺财产而决裂的家庭截然相反，我们互相推让，处处为家人考虑。因为我们从小受父母的影响，深知物质的财富对于一个家庭来说并不是最重要的，并不是决定一个家庭衰败或是兴盛的根本因素。家庭真正的财富在于家人之间的情感，在于家庭的家风和家教，那是一个家精神上的凝聚力，有了它们家庭才能延续，有了它们家才称得上是真正的家。我们对家庭的认知其实也是更高层次的精神追求。

红色家风代代相传

我是在一个革命家庭中成长起来的，从小就深受信仰坚定、忠诚老实、廉洁自律、艰苦朴素、甘于奉献、严守纪律的优良作风的感染。

我的父亲是革命青年，曾就读于东吴大学，后加入中国共产党，被国民党通缉后转移至上海物资流通单位开展地下斗争，而我的母亲是路桥妇女会的主任。红色家风是党员干部定其家、正其身的最佳精神养料。我这儿有一个父亲用过的证件套，这个证件套的背后是一个将军三起三落的事。虽然我的父亲经历过许多挫折、磨难，身临过危及生命的处境，但他并没有就此放弃自己对党的坚定信仰，没有抛弃自己对共产主义事业的坚定信念。父亲的这个证件套是对我、对当代青年的一种勉励——做人要吃得了苦，经得起挫折；党员要始终对党保持忠诚，为共产主义奋斗终生，随时准备为党和人民牺牲一切，永不叛党，不忘初心，牢记使命。

我很感谢我的父母构建了如此良好的家风，也一定会将优良家风传递给自己的子女。

勤俭节约 教育正直

吴丽娟

　　勤劳朴素一直是中华民族的传统美德。古人云："天道酬勤。"天道，即天意；酬，即酬谢、厚报的意思；勤，即勤奋、敬业的意思，这个成语意为天意会厚报那些勤劳、勤奋的人。天道酬勤为我们揭示了一条生活的哲理，即付出就会有收获，遭遇逆境苦难时，只要不懈坚持，就会有回报。我们家传承的家风就是"勤劳"。我家姐妹四个，还有两个弟弟，小的时候生活很艰苦，别人干一天活有10工分，我的爸爸由于劳动能力差只有7工分，却要靠这微薄的工资来养活全家。可父亲不仅没有抱怨生活的艰难，反而时常教导我们不管遇到什么困难、不管身在怎样的处境，为人处世都要勤勤恳恳、踏踏实实。三年困难时期让本就贫困的家庭雪上加霜，为了维持生计，分担家庭的重担，我便和妈妈一起在农村干活，两个妹妹也因为家庭经济困难，辍学在家。尽管当时家庭物质生活捉襟见肘，但全家并没有因此放弃对生活的希望，依然秉持着勤俭节约的习惯，依然相信勤劳致富的理念。我的姐姐和弟弟都因为谨记家风，并将其作为自己的工作准则，有强烈的担当意识，所以在工作中取得了一些成就。一直到现在，我们全家乃至第三代都一直牢记我父亲的教诲，坚持勤劳的好品质，踏踏实实干活，肯吃苦，敢吃苦。"勤劳"两字在我们的心中扎了根，它是家庭给予我们的精神财富，也是家教对我们影响最深的地方。

我刚上班每个月只有 45 元工资，虽然收入不高，但是我一直坚持着勤劳的品质，一步一步踏实做事。

在我们家的家风中，"勤劳刻苦"是中心，是基石，另外非常重要的一点就是做人正直。父母勤劳朴实，努力改变家

吴丽娟的丈夫葛光木当兵时与战友合影

吴丽娟与她的家人合影

庭的生活状况，也为我们兄弟姐妹创设了一个良好的教育环境，并且一直保持着和谐温馨的家庭氛围。我们兄弟姐妹一直以父母为榜样，学习父母身上优良的品德和教育方式。

在对孩子的日常教育中，我经常向他们灌输勤劳肯干的思想，并且我也身体力行，用自己的实际行动为孩子们做榜样。我孙女从小就想当一名幼儿园老师，于是高考后就报考了相关的院校。刚工作的那段时间，她对自己没有信心，十分担心自己成为不了一名优秀的幼儿园老师。在那段时间里，我一直支持和鼓励她以正向的态度推动她树立更加稳定的自信心，鼓励她勇敢实现梦想。我告诉她要相信勤能补拙，不管她现在的能力如何，只要肯在教学工作上下苦功，不断完善自己，就一定能取得进步。

良好的家风和培育一代又一代的好孩子从来不是一蹴而就的，而是需要一辈辈艰苦奋斗、辛勤积累，最终传承下去的。从父亲辈传到我这一辈，虽然现在看来，我们家的家风传承时间还不是很长，但我要让这颗优良家风种子一直深种下去，为后辈铺好深厚的家风传承的基石。

最好的奖赏

刘晓伟

都说教师是阳光下最崇高的职业，从教一辈子的我，深感学生是教师人生旅途中同行的伙伴。善待学生，就是在善待自己的职业，就是在善待自己的生命。

我的父母虽不是学校的正式教师，但都做过教员工作。他们一丝不苟的教学态度，特别是对学生的关爱之情，我耳濡目染。父母退休后，曾教过的学生常来看望他们。直到现在，仍有退休多年的学生每年来看望已年届百岁的老父。真挚的师生情谊令我感动，而善待学生的理念就像老树的根脉，延伸到我的职业生涯之中。

我1981年从杭州师范学院毕业后，一直从事教师工作。在"全民经商"的年代里，初上讲台的我是带着几分无奈的，是教育实践让我改变了职业心态，是可亲可爱的学生教我怎样成为一名称职的教师。

身为教师，我认真上好每一堂课，帮助学生丰富学养，精神成人。一天深夜，我临睡前收到一位家在外地的大一学生的邮件，她表达了在新环境中孤独茫然、自卑郁闷的心情。我马上回了信："作为老师，我理解你的心情，不管你遇到怎样的生活压力，我都会为你分担，因为我不能辜负学生的信任，因为我也有在外地读大学的女儿。"学生后来回复道："这封信我是哭着读完的。这半年来，虽然我的学习和生活还很糟，但我进步了，如果我做不成雄鹰，可以做一只蜗牛，向着塔顶一步步地迈进。"

这件事对我触动很大，提醒我关爱学生应该从"心"开始。我努力做学生信赖的朋友，他们在学习、生活中以及恋爱时心生烦恼会找我交谈，有的参加工作了也会和我讲述自己遇到的困惑。对此我都以诚相待，耐心开导。作为班主任，国庆长假时我常邀请家在远方不能回家的学生到家里做客，陪他们游玩。学生说："上大学前，中学老师对我们说，大学里的班主任一年也见不到几回，原来不是这么回事。"我把这句话视为学生对自己工作的最好肯定。

在需要阳光的地方，做一个温暖的人。这是我的做人信念，只有身体力行，才能让以后从事教师工作的学生也这样去做。有一次，一位学生丢了钱包，没有回家的路费，她打电话给我后，我立即从家里取了钱送到火车站，使学生顺利回家。有一次刚放寒假，我推荐一位即将毕业的学生去一所中学应聘，应聘结束后她要坐火车回家，我赶到车站送她，她因为没发挥好而情绪低落。我鼓励她并递上从家里带去的食品让她路上吃。这时，她突然从车站栅栏里伸出双臂拥抱我，刚说了声"谢谢老师"，就哽咽着说不下去了。在那寒冷的冬日，我让一个远离家人的孩子不再感到孤独无助，同时也温暖了我自己。

教师是用生命影响生命的职业，从事这个职业是美好的、幸福的。我曾被评为杭师大首届"学生最喜爱的教师"，人文学院第一届、第二届"我最喜爱的老师"，这是我感到最自豪，也觉得分量最重的荣誉。当听到走上教师岗位后的学生也因爱护学生而获奖时，我感到十分欣慰。同样欣慰的是，这样的作为和感受在我女儿身上延续着。

女儿在读中学时，看到我休息天也在备课、批改作业，"八小时以外"还在工作，便表示以后不会当老师，报考大学时填报的都不是师范专业。没想到女儿大学毕业后还是走上了教师岗位，我对她说，你选择了教师这个职业，这个职业也就同样选择了你。

如何成为称职的教师，不需说很多道理，父母的身体

刘晓伟被评为杭师大首届"学生最喜爱的教师"时留影

力行就是最好的教育。已到退休年龄的我被人文学院返聘多年，每年暑假仍带领大学生志愿者去希望小学开展支教活动，虽然那里生活条件艰苦，但能让留守儿童感受到世界上还存在一种没有血缘关系的真诚关爱，我便乐此不疲。我的妻子也在学校工作，也常谈及自己善待学生的作为，我们的言行便是对女儿最好的"职业教育"。女儿受到影响，也常和妻子一同帮我做支教准备工作，才几岁的外孙女都知道"志愿者""支教"是和爱心连在一起的，说长大以后也要去支教。

女儿当上教师后，我们家成了教师之家，平时很多话题都是有关教书育人的。我们经常讨论教学和学生工作方面的问题，女儿也会把自己在学校遇到的事情讲给我们听，而"情怀"是我们常常提到的词语。吃晚饭时，女儿常会放下碗筷接听学生的电话，耐心地和对方交流。饭菜凉了，我们从不催她放下手机赶紧吃饭，这是我们的共识——身为教师，没有比帮助学生解决问题更要紧的了。每当听到女儿说起学生对她的好评，看到她获得的荣誉证书，我们都为她高兴，也以"金杯银杯不如学生的口碑"这句话共勉。

如今，从教30多年的我已告别讲台，转身离去时，收获满满，特别是学生无比厚重的情谊，温暖着我的退休生活。我退休后，教过的学生常来看我，当年父母的学生看望他们的情景在我家里继续重现着。我感谢学生让我享受精神家园的富有，使我的生命更具缤纷色彩。这是教师职业给予我最好的奖赏。

勤学谦卑　如师如父

殷企平

一家三代，孜孜不倦地耕耘着教育这片热土，一首Sonnet 18 诵出了我们全家对文学的热爱与传承；一封《以身心安全告平儿书》道出了父亲对我的殷殷期盼与悠悠深情。作为外国语学院学术委员会主任、省级重点学科英语语言文学学科负责人，我治学严谨，为人谦逊，待人平等，尊敬长者。

我出身书香门第，先后求学于美国太平洋大学、杭州大学和英国苏塞克斯大学，曾到牛津大学、多伦多大学、渥太华大学、哈佛大学等世界一流大学访学，从事英美文学、西方文论等领域的研究工作，共出版专著 6 部、译著 5 部、教材 7 部，发表论文 160 余篇、译文 3 篇，其中多数论文均发表在国家权威或核心刊物上。

我虽年过半百，却依旧充满活力。岁月带不走我这颗永远年轻的心，更带不走铭刻在我们家族骨子里的"好家风"。

书香门第，勤学谦卑

虽已到退休年龄，我却未选择闲适的退休生活，而是继续抓紧每一分每一秒研究学术，勤勉治学。出身书香世家的我，自幼受到家庭良好氛围的影响，对学术研究秉持着热情、严谨的态度。父亲殷作炎是著名的语言学家，现今已80岁有余，仍不失对学术研究的热情，继续钻研《中国哲学史》《史记》等著作。父亲对学术研究的这份热情，对教育事业的热忱一直潜移默化地影响着我。不管是去哪里参加会议，我都会随身携带书籍，利用会议的闲暇看书、学习，不断充电，不断提升自我。如今，我的女儿在国外一所教育机构工作，负责对外汉语的传播，我也把这份影响传承给了女儿。

我虽年过半百，但对待身边的每一位年轻教师永葆平等谦卑之心。我认为平等对人、为人友善是做人的基本原则。

如师如父，倾囊相授

父母言传身教、以身作则，对教育热忱、对学术热爱的"好家风"一直根植在我内心深处。在学术研究上，我喜欢默默耕耘，倾囊相授；在学习生活上，我愿意嘘寒问暖，分享经验。

我看到身边很多年轻教师都在积极申报课题，努力提升学术研究水平。我也非常支持年轻教师们能够在学术研究之路上收获更多成果，无论是国家级重大课题申报，还是研讨讲座，只要我有时间，只要学院或任何老师需要我帮助，我都非常愿意将自己发表论文、申报课题的经验与心得毫无保留地分享给大家。

我年轻时，不论是我的家庭还是我的师友，他们都曾在学习、生活、工作上给过我无私的帮助。现在，我也非常关心年轻教师的培养与发展，会询问关心他们的近况，关心他们的成长与职业规划，与他们分享我的经验。

家庭和睦，温情陪伴

虽然平日工作繁忙，但我一直心系家人，只要有空就会抽时间陪伴家人。我每周都会去看望我的父亲和奶奶，每年过年也都是和家人在一起。我非常珍惜与家人在一起的每分每秒，觉得陪伴家人的时光是最温馨最幸福的。

殷企平与家人在一起

我很幸运拥有和睦融洽的家庭氛围，也很幸运能够成为"外院一家人、学术共同体"的一分子。我认为和谐的家庭生活与良好的工作业绩是相辅相成的，我们每个人都应该重视良好的家风家教对人生的深远影响。我希望通过我的努力，潜移默化地感染身边的人，将正能量传递给更多的人。

我一直坚信，如果在日常工作中，我们将同事视为工作战线上的亲友、战友，互相之间多一份关爱的帮扶问候，多一些融洽的相处相助，我们的工作和生活就会增添更强的凝聚力，会助推每个人发挥更大的工作动力和工作干劲！

怀念父母

——写在父亲 100 周年诞辰

赵志毅

2021 年 6 月 27 日，是父亲赵明贤（1921—2017）逝世 4 周年忌日暨 100 周年诞辰。

父亲籍贯陕北，祖父的祖父那代从山西洪洞大槐树迁到陕北榆林佳县王家砭乡赵家沟村。在曾祖父手上家道中兴，花钱捐了个"顶子"，父亲得以受到良好的教育。20 世纪 30 年代，谢子长、刘志丹、李子洲、习仲勋等在陕北秘密发展党组织，宣传党的救国救民政策。当时的陕西省立绥德师范学校红色底蕴深厚，由共产党早期活动家、教育家李子洲先生任校长。父亲在求学期间受进步思想影响走上了革命道路。1937 年，七七事变的枪声惊醒了他的教育救国梦，16 岁的他投笔从戎，参加红军，在阎揆要、张达志（二位都是开国中将）麾下当兵，后由高增汉、李德玉介绍入党，担任佳县青年救国会会长时才 19 岁。1943 年，组织送父亲去延安中央党校学习。当时由于国民党的封锁，学校条件十分艰

父亲赵明贤年轻时

母亲范德功年轻时

苦，他们响应党中央的号召，一边学习一边开荒种地，开展大生产运动。每个学员要完成一石二斗（360斤）小米的生产任务，还要学习手工纺线，织毛衣（从懂事起我就记得我们姐弟所有过冬的毛衣毛裤毛袜都是父母亲织就的），做被服，搞运输。星期天大家主动上山打柴去集市售卖以筹措经费。党的七大之后，党中央根据革命形势发展的需要，决定让延安中央党校学员全部出校工作，组织上派父亲回佳县担任区委书记，动员群众开展生产自救，支援前线。1947年，国民党驻榆林二十二军的一个连在父亲等共产党人的积极争取下投诚起义，对革命工作产生了很大的影响。同年，党中央动员地方干部到部队工作，开辟新解放区，父亲积极响应组织号召，在第一野战军司令部供给处搞后勤保障工作，筹措粮食，并参加了彭德怀指挥的青化砭、沙家店、养马河、瓦子街战役。

兄弟四人合影，右起二为童年时的赵志毅

母亲范德功（1930—1999），少年时投奔王震将军的三五九旅，在野战医院当救护兵，曾在战斗中抢救伤员时中弹受伤，右脚留下了残疾，走路时有一点跛。母亲信奉的是礼义智信的耕读文化，践行的是革命军人纪律约束的生活方式（她始终保持着中国传统妇女和模范军人的风采）。

我们家父慈母严，姊妹五人中，大姐赵萍是父亲在老家早年去世的原配夫人毛氏所生，跟着父亲走南闯北，在颠沛流离中长大，20世纪50年代考入甘肃农业大学读书。在父母身旁的是我们兄弟四人，父母从小就给我们立下许多家规，比如"早操锻炼""诚实守信""勤俭持家""尊老爱幼"等。严格的家教培养了我们独立自主、勤奋好学的品质。我们很小就要自己洗衣做饭，刷鞋补袜，整理内务，寒暑假里每天晨练回家吃完早饭后，就要伏案做作业。我们兄弟四人有着明确的家务活分工：大哥与二哥协助爸妈每月一次去煤场买煤、去粮站打粮，以及干日常的担水劈柴等体力活儿，我负责每月一次的大院公共厕所的保洁清理和家里的洗碗扫地。家里老式写字台左边的第一个抽屉里是一字排开的两件套的深黑、草绿、淡紫、海蓝四色小搪瓷杯，杯体的胶布上分别写着魏碑体的"刚""强""毅""力"四个字，是爸爸的手迹，这是我们哥儿四个的名字。上层放着彩色的豆豆糖，下层放着数量一致的饼干、点心。我们从不争抢，只把自己的那一份装进口袋里带去学校吃。"文化大革命"中，父亲被打成了"走资本主义道路的当权派"。当时我已经读三年级了，母亲带着我去兰州市公交公司修理厂探望父亲（时任公司党委书记）时，他叫妈妈把专门给他准备的一饭盒饺子带回家，给我们吃。当时我的心里五味杂陈，鼻子酸酸的。回来的路上，妈妈默默地抹眼泪。后来，四人帮覆灭，父亲得到了平反。

父亲喜欢喝酒，但很少见他醉过。年轻时候多才多艺，唱京剧，写书法，吹笙箫。他对党的事业无限忠诚。身为公交公司党委书记，他牢记为人民服务的宗旨，时刻为职工着想，深受广大群众爱戴。从我有记忆起，他都是骑自行车上下班。星期天，我们全家逛街时往往会有公交车停下来，司乘人员请我们上车顺路带一程，他从不允许我们乘坐，婉言谢绝的同时提醒司机、售票员不该违规停车。改革开放以后，家人有时会在饭桌上谈论"官倒""反腐"话题，他会感慨地说：要干，要发展就会有困难，如果没有困难，要我们这些共产党员干什么！

在我大三时，父亲遭遇车祸，在兰州军区总医院抢救了三个多月，三次开颅手术，连下三次病危通知。在医院守护的那些日子，我常常望着沉睡中的父亲暗自垂泪，从小一直佑护着我们的伟岸身躯小了，也瘦了。密密麻麻的绷带缠住父亲的头颅，千丝万缕的情愫捆绑着我的心。父亲凭借顽强的意志力，坚强地挺过一个个难关。后来我大学毕业，分配去西北民族学院预科部任教，工作四年后考入西北师范大学教育系攻读硕士学位，再后来我考入南京师范大学师从鲁洁教授攻读博士，毕业后教书育人数十年，父母亲对党的忠诚与热爱，顽强的革命意志和优良作风，为子女们树立了榜样，时刻勉励鞭策着我奋力前行。

家风家教伴我一生

李阳

家风大多充满正能量，我家虽然没有专门家训，但回想起我自己成长岁月里发生在身边的家事，长辈们的言行在潜移默化中对我产生影响，由此也构成了特色的家教文化。一些事看似稀松平常，却浸润着我的一言一行。

热爱祖国，无私奉献，艰苦创业

我的父亲母亲都是"兵团人"。1949 年 11 月，王震将军带领逾十万人民解放军抵达新疆，一面要守卫祖国边防，维护新疆和平稳定；另一方面还要从事生产建设，克服财政困难，减轻国家和人民的负担，改善部队的生活。1950 年 1 月，王震将军等人亲自踏勘玛纳斯河西岸，进驻石河子，铸剑为犁，建设戈壁新城。我的父亲当年弃笔从戎，而后又随部队来到新疆。我的母亲中学毕业后放弃了城市生活，响应党的

李阳与家人在一起

号召，同五湖四海的热血儿女一起，从内地支边来到了新疆。他们从家乡走向新疆，参加了"新疆生产建设兵团"，开始了军垦事业。他们踏上兵团的那一刻，就将自己的根深深地扎进这片土地。兵团，成了"兵团人"的第二故乡，成了"兵团人"深深眷恋的故土。他们热爱这片土地，把汗水洒向这片辽阔的土地，把热血、青春（甚至把生命）无私奉献给这片土地。

解放初期，新疆经济落后、产业极为不发达，昔日的石河子一片荒凉，到处是荒漠、戈壁。他们常年在寒冷得几乎可以把人冻成雕塑的恶劣环境下勘测土地，住的是帐篷和地窝子，铺的是蒿草，穿的是打满了补丁的军用棉大衣，喝的是冰雪化成的水，吃的是干粮就咸菜，还常常吃不饱，只能用水泡胀干粮，以产生饱胀感，父亲由此得了胃下垂。作为勘探队员的父亲深一脚浅一脚地奔波于勘查现场，采集一个个土壤标本，送到母亲所在的化验室，得到各种化验数据，然后分析整理，为规划未来良田打下基础。

风雨寒暑，沧海桑田，50年过去了。如今，兵团早已换上了新颜。石河子——一座兵团新城在荒漠中拔地而起。一片片绿洲在兵团人手中魔术一般屹立于茫茫沙海戈壁之上。漫步于团场之中，更有片片农田展示着绿色的魅力、绿色的希望；漫步在城市之中，有林立的高楼、整洁的马路。是父亲母亲那一代人为我们现在美好的生活打下了基础，为现在的魅力兵团做出了巨大的贡献，他们用自己年轻的身躯造就了兵团的辉煌。

在那样艰苦的环境下，他们坚持了下来，战胜了一个个困难，没有抱怨。支撑着他们的是，因对祖国的热爱而产生的强大的吃苦戍边的勇气和毅力，是"热爱祖国，无私奉献，艰苦创业"的信念。

我是"兵团人"的后代。我的血管里，流淌着"兵团人"的热血，我的身体里，有"兵团人"的精神。虽然我们现在生活在一个衣食无忧的时代，但是这种精神是不会丢失的，有了这种精神才有劲去努力，有了这种精神就会有奋斗下去的意志。

在长辈的影响下，我成为一名共产党员。我坚守共产党人的精神追求，工作上我忠于职守，尽职尽责，努力发挥党员的先锋模范作用，努力把"全心全意为人民服务"的宗旨体现在每一项工作中，不计个人得失；教学中我钻研教材，将学科基础知识与实践工作联系起来，将学生原有的知识水平与课本知识联系起来，采用多种教学方法，启发学生，使抽象的内容变得通俗易懂，寻找规律和记忆方法，使学生易于掌握知识点；注重学生学习能力的培养，培养他们自学、分析问题和解决问题的能力。

一身正气，清白做人

从小父母亲就教育我们对于利益不要锱铢必较，不义之财不可得，做人清白方是好。在他们的精神世界里，他们视金钱如粪土，视富贵如浮云。他们淡泊名利，痛恶那些不务正业、好吃懒做、好逸恶劳、饱食终日、游手好闲、坐享其成之人。

记得我七八岁的时候，生活艰苦，兄弟三人吃糖必须平均分配。弟弟吃完还想偷吃妈妈收起来的剩余的糖，为此我与他发生争执。妈妈严厉地批评了弟弟并让他面壁思过。这事给我留下深刻的印象。

在"文化大革命"的混乱时期，父母依旧讲真话、办实事，一身正气、清白做人。他们相信，时间是检验真理的唯一标准。

父母一生经历过多次工作变动。父亲曾是战士、排长、勘探队员、农业技术员，还是商业、服务行业的工作者、管理者。母亲曾是化验员、售货员、出纳。无论做什么工作，他们总是兢兢业业、克己奉公。作为数年"走"在商业、服务行业这个"河边"的管理者，他们从不"湿鞋"。他们廉洁齐家，带头端正品行。

正是一身正气、清白做人的家风，让我学会了做人、做事。

多读书，读好书

母亲爱学习，爱读书，阅读范围广泛，散文、诗集、自传、小说等等她都喜爱。母亲年轻时是学校的校外义务辅导员，系着红领巾，带着孩子们一起活动，最常做的是领着学生读书。她经常鼓励学生们看各种各样的书籍，教育他们多读书，读好书。

母亲非常重视子女的教育，经常给我们念书、读报纸和杂志，使我们从小就享受着许多寓言故事、成语典故带来的快乐。当我们稍大一些，像《卓娅和舒拉》《钢铁是怎样炼成的》《高玉宝》《欧阳海之歌》《雷锋》这样的小说，鲁迅的《彷徨》《呐喊》，还有《人民文学》《收获》《大众电影》等杂志更是我们的必读品，阅读成为生活中必不可少的一部分。

在母亲的影响下，我也开始喜欢上读书。阅读，可以去忧解烦定心性，可以陶冶性情美心灵。我从作品中领略了文学的魅力，也认识了社会。妈妈给我留下了一笔无形的精神财富。

我初中毕业后，在那个读书无用的"文化大革命"年代，许多同学都在找工作，母亲的小姐妹们也劝母亲让我不要上高中了。但是，母亲坚持让我继续上学，无论家里条件多差，也要上高中。正是此决定，使我有机会成为77级大学生的一员——粉碎"四人帮"恢复高考后的第一届大学生，以至于有了以后读研究生的可能。正是妈妈的笃定，决定了我一生的命运，在生命的路途中迈了一大步，让我终身受益。直至现在，我仍然在努力学习，经常听课、查资料，丰富自己的学识，与时俱进，以适应当今日益发展的社会。

勤俭节约，不浪费

我两岁时，家里有了弟弟。当时父母都是为开发建设边疆从事土地勘测工作的，长年在野外工作，不能回家。爸爸把独居的奶奶从老家接来与我们共同生活。奶奶文化程度不高，操持着我们家的整个生活，精打细算，饮食粗细搭配，常挖一些野菜做配菜。为了节约开支，奶奶还自己动手做鞋、做衣服。我从小目睹奶奶用糨糊做布壳，然后纳鞋底，最后做成好看的单鞋、棉鞋。我们姊妹三人从小一直穿着奶奶给我们做的舒适保暖的鞋，甚至考上大学去报到也穿着奶奶给我们做的布鞋。

母亲以奶奶为榜样，节俭持家，物尽其用。母亲也学会了做手工活，过年时我们会穿到母亲做的新衣，惹得小伙伴们很是羡慕。现在生活好了，母亲还习惯将旧枕巾剪裁成毛巾，将旧衣物剪裁作手帕、抹布或拖布。父亲从不乱花钱，他的羊毛外套袖口和下摆破了也不舍得扔，织补好接着穿。父亲曾用包装箱五合板做了3个乒乓球拍子让我们打乒乓球；家里的洗菜水会浇花、冲厕所；他会在洗脸池上放个小盆，积攒的洗手水留做它用……多年过去了，这些事仍历历在目。

我从小目睹长辈在生活中的点点滴滴，保留了一些他们节俭持家的好习惯。我也会做鞋、做鞋垫，会改衣服、织毛衣等手工活，还给我的孩子做小衣服、理发，等等。

尊老爱幼

百善孝为先，母亲更是孝顺长辈的一个好榜样。我记得母亲白天在单位工作，晚上还要抢着干家务，让奶奶休息，体谅奶奶的辛劳。后来，稍有富余，妈妈给奶奶买人参补身体，比较稀罕的蜂乳、蜂王浆之类的滋补品都留给奶奶吃，虽然他们也是中老年人了，也需要营养品。

奶奶一直活到 98 岁高龄，是家族中的最长寿的人。奶奶的晚年，妈妈放弃了自己的娱乐活动，在照顾孙儿的同时悉心照料她，喂饭喂水，甚至奶奶大小便失禁，也是妈妈给她擦洗身子，更换衣物，我们姊妹也帮忙。奶奶生病在床上多年，身上干干净净的，从未生褥疮。都说"久病床前无孝子"，但妈妈尽心伺候奶奶十几年，直到她去世。连姑妈叔父都感叹，奶奶要是在老家不可能活到这么大岁数。

爸妈退休后，又承担起看护三个孙子的重任，孙辈三个孩子也都得到过妈妈的照料。父母为我们做的事数也数不清，父母的大恩大德，我们一辈子也报答不完。

现在父母老了，我们姊妹三个也尽力孝顺父母，传承尊老爱幼的家风，全家人其乐融融。

家风，在我成长的路上伴我前行。就是在这种家风的熏陶下，我们姊妹三个努力工作，使自己成为对社会有用的人。我们有时聚在一起谈论着我们的成长经历，都为我们生活在这样的家庭感到骄傲，也都在享受着这份幸福。在现今的时代，回顾家风对我们每个人无疑都是一次灵魂的洗礼。我们时时刻刻地记住家风，传承那岁月沉淀下来的精神，以父母为榜样，在工作和生活中继续谱写人生的新篇章。

廉洁·勤劳·节俭

任顺元

在我看来，家风家教跟党风、校风、教风一样重要，好的家风可以促进孩子养成良好的性格和品德。我的父母在家风家教上为我树立了榜样，特别是言传身教方面令我印象更加深刻。

第一点是廉洁。小时候父母便用"小时偷针，长大偷金"的民间故事教育我们——别人的一根一线都不能随意拿，否则发展下去就有可能走向犯罪深渊。在我脑海里，父母亲一直这样做，从不贪小便宜，而是对他人慷慨大方。勿以善小而不为，勿以恶小而为之。这么多年当老师也好，当干部也好，每当学生和教师送礼物时，我就会想起父母讲的故事和他们的廉洁善良形象，一种无形的力量便会敦促我，一定要廉洁从教、廉洁从政。这一点对我影响颇为深远。

第二点是勤劳，即认认真真、勤勤恳恳做事，这一点在父母身上有着很好的体现。我生在一个八口之家，家里非常贫穷，父母都必须起早贪黑地劳作，中午也没有休息的时间。就是在那个时候，我学会了帮助父母分担生活的重担，比如早起烧早饭、拔草、喂牛等。父母教育我们天上是不会掉馅儿饼的，所以一定要勤劳。对于父母的言传身教，我一直铭记在心，多年以来养成了勤奋的习惯。曾经为了完成一本专著，早上很早起床，晚上挑灯夜战，中午也不休息，生活上也是如此。

第三点则是节俭。比如，父母教育我们吃饭一定要吃干净，不能浪费。但凡有一点残羹剩饭，父母肯定会要求我们吃干净，掉到地上也会要求我们捡起来洗洗再吃。所以，现在我在学校食堂吃饭时总会吃得干干净净，一点一粒都不浪费，这也是父母教育和影响的结果。

任顺元父亲一生勤俭节约，90多岁时在修理铁桶

这三点教诲可以说深刻地影响了我的一生，同时我也将这笔宝贵的精神财富传承了下来，教育我的女儿。这些年来，我一直不停地看书、学习、写文章，总共撰写和合著了14本著作、200多万字，这对她影响很大。我女儿在学习上也很努力，不需要我们去强迫，唯一需要提醒的就是让她多注意休息。正是因为她孜孜不倦、勤勉坚持，最终成功考入了西北农林科技大学的景观设计专业。她在大学期间获得过相关比赛的全国三等奖，关于景观设计方面的研究文章曾在一级专业期刊上发表，这跟她刻苦学习是密不可分的。

小时候，为了让女儿学习不要太辛苦，星期六一般我会带她去游览大好河山、人文景点，边看景点边讲人文故事，如果看到有游客乱扔垃圾我会让她随手捡起，也会让她去提醒叔叔阿姨注意公共卫生，在这过程中她也养成了注重卫生和爱干净的好习惯。星期天我则会带女儿去新华书店或图书馆，通常我们都是分别看自己喜欢的书，买自己喜欢的书。但是帮孩子买书，我的做法可能跟其他父母有点不同：我要求她所有买来的书一定要看完并且要写篇读后感或简单概括一下书的内容，这样才可以再买下一本书。所以她就养成了快速阅读的习惯和提炼概括的能力。

除了教育孩子学习以外，我觉得对孩子"真善美"价值观的培养同样非常重要。所以我也一直跟她强调，真就是要有真才实学，追求真理；善就是要心地仁爱，品质淳厚；美就是要追求审美体验，创造审美价值。景观、园林设计行业，更需要对美的理解、鉴赏和创造力。我女儿从小就对绘画非常感兴趣，在这方面也展露出了一些天赋，小学时就有作品在浙江《美育》杂志上刊登。为了更好地培养她"审美"素养，我要求她任选一种美术或音乐的兴趣班，其他倒不强求。

本科期间她由于成绩优异而获得了学校的保研资格，但我仍旧建议她考研回杭州。因为景观设计毕竟不同于其他专业，南方跟北方的植被、生态环境等很不相同，回南方读研，南北的种类都有所涉猎，知识面会广很多，对今后的工作就更有适应性。最终，我女儿考入了浙江农林大学景观设计专业攻读硕士学位，也正是这份积累，她在毕业后从四十取一的竞争中脱颖而出，得到了一份在杭州从事景观设计的工作。

工作后，正式步入社会，更加要学习如何做人。我经常教育她一句话："善莫近名，行而德。"意思是做了善事不要张扬，做事要合乎道德。只有"善莫近名"我们心里才会踏实，这才是真的善，否则，就会图求名利，舍本求末。"行而德"就是要做一个"如律、如信、如法"的德人。

老师的家风家教不仅会影响孩子，还会影响到身边的同事和学生，所以我们更要重视言传身教的重要作用，做好每一件大事小事，做好学生的引路人，为国家和社会培养更多合格的社会主义建设者和接班人。

母亲的教育思想

童富勇

　　母亲终究还是离开了，走得很从容、很平静，喝了口水，还未来得及把杯子放好就到了另一个世界。天堂那边的父亲已经等了很久很久，现在他们又团聚了。如有来世，我还是想做他们二老的儿子，我想我们一定还会是幸福的一家子。

　　我家世代务农，祖父、父亲粗识几个字。母亲是苦出身，祖母说母亲刚会走路的时候，就牵着牛绳成了放牛娃。她斗大的字不识一个，只会接电话不会打电话，因为她甚至不认识数字。但在电话的那一头，只有她才会永远等待着儿子的声音。夜深人静，想想母亲一生一世对我的爱、对我的好，全体现在无言无字的身体力行中。寒门贵子，其实说的是慈母教子有方，虽贫但坚守做人品格，不自悲；虽穷但怀抱希望，决不自弃。我虽不算什么寒门贵子，但一个文盲母亲，培养出一名大学教授，很不易，也算是成功的母亲。

089

童富勇与母亲、妻子、儿子在一起

　　我认为母亲的成功是一位文盲母亲朴素教育思想的成功，是几千年传承下来的传统教育价值观的成功。概而言之，母亲的教育思想可以归结为四点：一是读书是有用的，最穷最苦也要让子女去读书。做农民的人，没有钱也没有后台靠山，唯一的出路就是读书。朝为田舍郎，暮登天子堂。只要你有真才实学，通过读书你就可以改变命运。二是要学会做事必须先学会做人。无论是做事还是做人，都要尽心尽力、全力以赴。老天是公平的，人在做，天在看，付出总会有回报。要学会与人和谐相处，与人为善，以德报怨。三是脚踏实地，一步一个脚印。万丈高楼平地起，天上不会凭空掉馅儿饼，不要去走捷径。不要想一夜暴富，不要想一步登天，不要想一鸣惊人。吃亏是福，平安是福。四是勤能补拙，俭能养德。没有一个人是天生圣人，"心灵"是多动脑子悟出来的，手巧是反复练习得来的。穷要学会过穷日子，没有办法开源就要想办法节流。富了不要为富不仁，不要炫富。尽可能地去帮助邻里乡亲，力所能及地帮助需要帮助的人。前人种树，后人乘凉。助人为乐，积德积福，祖荫后代。这四点是母亲一直用来教育我的，虽不是她的原话，但都是她教育我的基本精神。其实这四点也是祖母这样教育她的，是祖母的祖母的祖母的祖母教育她们的，一代一代这样口耳相传下来的。因此，母亲的教育思想就是传统的教育思想，从几千年前传承下来的。

面对母亲的遗像，我想再一次对她说：没有您的抚养和教育就没有我的今天；没有1977年那年的高考就没有我的今天；没有一个相对还算公平的工作环境就没有我的今天。

怀念母亲！

处世以德　仁心仁术

陈维亚

习近平总书记在 2019 年春节团拜会上发表重要讲话时强调："家庭是社会的基本细胞，是人生的第一所学校。不论时代发生多大变化，不论生活格局发生多大变化，我们都要重视家庭建设，注重家庭、注重家教、注重家风，紧密结合社会主义核心价值观，发扬光大中华民族传统家庭美德，促进家庭和睦，促进亲人相亲相爱，促进下一代健康成长，使千千万万个家庭成为国家发展、民族进步、社会和谐的重要基点。"家是最小国，国是千万家，家风相连形成民风，民风相融促成社会风气。家风正，则民风淳；民风淳，则社风清。家风是融化在我们血液中的气质，是沉淀在我们骨髓里的品格，是我们立世做人的风范，是我们工作生活的格调。传承好家风，于社会而言，是一种巨大的道德精神力量。

好家风是一件传家宝，是整个社会积极、向上、健康、和谐等正能量的渊源，是传承道德文化不可或缺的重要渠道。

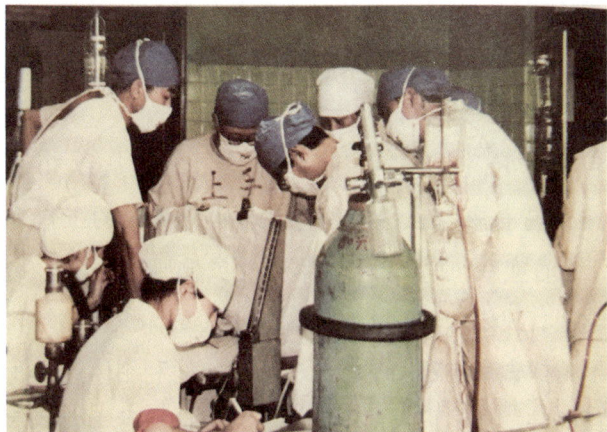
陈维亚的父亲在救治患者

　　"处世以德，仁心仁术"是我的家风家教。

　　我生活在一个普通的医务工作者家庭。我父亲是一位胸外科大夫。在我的记忆中，父亲为人好学，得片刻闲暇便坐到书桌旁阅读并研究医学直至夜深。父亲工作忙碌，不按时下班是常态，饭吃到一半或睡到半夜被叫去医院抢救病患，亦为常事。有些病人从农村赶来寻他治病，到达时已到下班时间，父亲仍旧不厌其烦地加班加点为其诊治，故而深得病人信赖。一日大雨，一位满腿沾泥的老农来家找父亲看病，我见老农把地板踩脏了就露出不满情绪。事后父亲对我说："医者仁心，不论贫穷富贵，救死扶伤是医生的职责。"还有一次，父亲带队到农村巡回诊疗，在手术中病人突发窒息，呼吸极度困难，需要紧急吸痰，不然就有生命危险！由于基层医院设备简陋，没有吸痰器，父亲毫不犹豫采取口对口的方式将病人的浓痰一口口吸出。他挽救了病人的生命，也感动了身旁其他医务工作者，被当地人传为佳话。父亲正是如此以身作则，率先垂范，传承着"处世以德，仁心仁术"的家风。

耳濡目染之下，我也选择了医学教学工作。从教30余年，我始终秉持教书育人、管理育人、服务育人的工作理念，醉心于教育实践，以实际行动践行党员教师的义务。

在教学上，我以培养学生素质和能力为重，积极参与教学改革，不断探索和尝试新的教学方法。有时利用休息时间将学生带往医院，让他们提前接触病人，以此激发学生的学习动力和创新意识，引导学生将理论和实践、基础和临床相结合，助力学生积极参与科技创新活动，并给予悉心指导。在生活中，但凡学生来电，我都认真倾听，耐心疏导，为学生解开心结，消除烦恼，同时尽己所能为学生排忧解难。记得有位女生在学校和家长不知情的情况下动了一个外科小手术，并在校外的小旅馆疗伤，结果晚上11点左右发生出血、剧痛。她马上打电话给我，当时正下着大雨，我立刻与丈夫驱车到小旅馆把学生送到丈夫就职的医院，安排住院治疗。由于治疗及时，学生很快康复了。平时学生身体不适时，我也会主动给予帮助，联系医生、安排就诊。有些中药不能现取，我就利用休息时间去医院取药，第二天上班再给学生送去，一送就是一学期。在工作中，除了认真做好学科建设和管理工作外，我还关爱退休、患病的同事，利用休息时间去医院探望他们。传承"处世以德，仁心仁术"家风的过程也让我得到了学生和同事们的喜爱。我先后多次被学生评为"我最喜爱的老师"，被同事推荐为浙江省教育系统"事业家庭兼顾型"先进个人、"杭州市教育系统先进工作者"等。

　　良好家风是中华文明的璀璨明珠。我要弘扬老一辈的医德医风，掌握先进的医疗知识，承前启后，继往开来，并将"处世以德，仁心仁术"的家风家教传承给下一代。

实做事　善待人

陈雪萍

　　我出生于一个偏僻的小山村，父辈世代务农，没有修书立传的家风教育，但刻入基因的中国式传统农民的家风，一直影响着我的为人处世。

　　在 18 岁前，我没有走出过 10 里以外的小镇，在那信息闭塞的年代、在缺乏教育资源的小山村里读完了小学、初中。那时，几个年级在同一教室上课，用的是方言，没有英语课，没有图书资源，没有课外培训，也很少有课外作业。因此，更多的印象是帮助家里干各种农活，挑水、割草、放羊、砍柴……体验生活的酸甜苦辣。

　　父母养我们兄妹六人，一年四季，早出晚归，一直为温饱忙碌。很小的时候，父亲种地，我经常跟着播种子，父亲顺带教我农事常识。印象中，父亲种地除草一丝不苟，种豆时一定要仔细挑去不好的种子，一个小土坑中放几颗都要严格按要求做；插秧要正、齐、匀；种土豆、山药时，将大块种子切开、细心涂上草木灰，再种在土里，切得不均匀、放得不对称亦常被父亲教育：做每件事都要认真。母亲操持一家人的三餐和起居，还要帮着干农活。母亲没有上过学，不识字，但在家里家外做着很多事。

每年，母亲在春天采来"辣蓼"草，与米做成酒曲，到秋天用糯米做成酒。父亲、兄长劳作回来，就着花生米，喝点自酿的米酒，我们几个小兄妹则经常借着父亲的酒杯尝尝酒的味道。父亲此时满足的神情是我对父亲最温情的记忆。

尽管物质匮乏、劳作辛苦，但很少听到父母抱怨，他们总是一年四季日复一日认真地耕种着，努力养活六个子女。印象中，不多的鸡蛋是拿来待客的，他人有难或日子紧了父母总会伸出援手。

父亲识字不多，经常教我民谣，我很小的时候就能大段地背诵，常得邻里夸赞，加上平时乖巧，学习优秀，因此自小得到父母偏爱。初中毕业后考入卫校，远超那时父母的期望，成了他们的骄傲。我自此不再是父母的负担，享受国家补贴读完三年中专，以优异成绩分配到省城大医院工作。在杭州成家立业，期待为父母晚年创造好的生活环境。

可是，父亲病了，猝不及防地病了。

首次 3 万元住院费，还有一系列化疗之后的出血、感染等救治费用将远超这个数，后续还将有二次、三次，无数次的住院，这对于刚工作不久的医院小护士来说，无疑是个天文数字！还有，化疗后的痛苦，"治不好"的结局。我决定自己来给父亲治疗。于是看书籍、查文献、问专家，在常规治疗方案中减半化疗药量，加强营养支持。第一个疗程在家里治疗，父亲肿块消失，听力改善。此后的化疗过程中，我小心地先补营养，一直担心的骨髓抑制现象没有出现，消化道反应也不明显，父亲的自我感觉也不错。

"女儿将我的病治好了"成了父亲的精神支柱。年过七旬的父母双进双出，种些小菜，过了四年相对无忧的生活。母亲说，这是父亲对她最好的时光。有时候，我向父母表达歉意，我没能有更好的条件为父亲治病，而父母打心眼里认为得到了最好的治疗。

四年后的一个傍晚，父亲突发脑溢血离世，发病至离开不足一小时，白天他还在田间帮助邻居犁地。多年后，母亲在睡梦中安然离去。在她去世前几天，从来不去银行的母亲

陈雪萍与家人在一起

将她仅有的一点余钱存进了银行，打电话告诉我密码……冥冥之中她似乎知道自己的归期。

父母没有教给我很多知识，但他们一生的勤劳、踏实和善良，就是最好的家风。

我想告诉父母，我们现在生活富足，工作小有成就，家庭幸福，这些都得益于他们的言传身教。特别是他们知足常乐的心态，教会了我在纷繁的环境中安静地走自己的路。

我的孩子也有着与我相似的禀性和善良，也愿他能踏实做好每一件事，善待身边每一个人，静心走好人生每一步。

那些年父辈领我们走过的路

刘喜文

那一年，是三年困难时期最严重的一年

1961 年的冬天，我出生在东北一个普通的农村家庭。这一年的隆冬腊月，是三年困难时期最难挨的一段时间。秋季已是歉收，就连收割剩下的麦穗粒都被厚厚的冰雪覆盖着。长期缺粮让母亲没有足够的乳汁来哺育我，从一出生，我吃的就是亲戚朋友、东家西家凑的面粉搅拌成的糊糊。在草屋之下，母亲总是边喂边喃喃：每口吃的都来之不易啊，做人要常怀感恩之心。襁褓中的我，自然是听不懂这些的，可是母亲时常的叮咛，这样的画面仿佛也变成了我的记忆。

再大一点，随着父亲工作调动，全家搬入城里的铁路工人家属区。生活并没有因此得到改善，要挑起有四个孩子的八口之家的生计重担，靠着父亲做警察的微薄工资，一家人的生活依旧捉襟见肘。于是母亲便常年在外务工，家里则

由奶奶操持。那时，50多岁的爷爷要去火车站的装卸队做活。装卸火车多在半夜，身为长子的我清楚地记得，在零下三十多度的东北寒夜，每当听到爷爷的工友来敲门，我的心总是紧紧地揪起，恨自己长得太慢。等到了有点力气的年纪，每当这时，我就会一骨碌地跳下炕，自告奋勇要随爷爷一同去。起初爷爷吹胡子瞪眼地反对，后来，总是拗不过我，任务紧急时，爷孙三人一起出动也是常有的事。一个钳子下去，要夹起厚重的四块砖，一双手就要拎起几十斤的重量，再从十几米的跳板走过，那个年纪的我，肩膀还过于稚嫩，双手也磨出了血泡……但现在回忆起来，当时似乎也不觉得苦和累，只觉得和家人一起，能为家人分担，是一件幸福的事。

那时，一家人靠着勤劳、团结、相互扶持，不仅让日子和美地过下去，还让我们兄妹四人都完成了学业。

那一年，学工学农下乡劳动

我是喜欢住在铁路工人家属区的日子的。那里的人们，每个人的工作都与铁路有关；那里的人们，大都朴素、友善，乐于助人。父亲是铁路派出所的警察，在邻里颇具威望。印象中，父亲是高大威严的，曾经我因为调皮捣蛋，被他用大皮靴踢过，我记得那感觉，厚重的皮靴踢在屁股上是真的痛；也记得学期开学初，在昏暗的灯光下，父亲帮我包书皮，我意外地发现，父亲居然如此手巧，包的书皮还有繁复的花样，非常漂亮。

提起我的父亲，邻居没有一个不竖大拇指的。邻里有位大伯参加过抗美援朝，在战争中遭受了严重的身体创伤，时不时便会发作。每当他抽搐发作时，父亲若在家，总是第一个背起他，送医救治。而后的照顾工作，邻里总是心照不宣地轮流进行着。

这样的氛围无声无息地感染了我，与人为善、助人为乐，对我来说如同水到渠成般自然。那一年，学校组织我们下乡学农劳动两个月。一天傍晚，大家在田间割玉米，有一个男同学使用镰刀时，不慎将虎口刺开了一个大口子，顿时鲜血直涌，他本人因有晕血症当时便神志模糊。我当即对伤口进行简单包扎，先背起受伤同学，又立刻组织了几个男同学，大家轮流背了二三十里地，终于赶到了城里的医院。我只记得，安顿好同学之后已是三更半夜，虽然大家已经累得连腰都直不起来，可心里面却有着满满的欣慰。虽然我一向明白，只是那一刻更加确定，帮助别人，自己是快乐的。如今这位同学已移居日本，可每每来电还是会心怀感激地提起这件事情。

我的父辈，没有过多地跟我说过应该做什么、不该做什么的所谓的大道理，但从他们的一言一行中，我从小就学会了用一颗真心对待他人，用一颗爱心帮助他人。

这一年，任教满 30 年

时间如白驹过隙。

这一年，我的身边已没有老父老母，可我身上处处有他们的影子。

这一年，教龄满 30 年，我的双鬓已泛白，我的膝下有孩子，更有一大群被我当作孩子的学生。有区别却是，我花在学生身上的时间远多于自己的孩子，从他们的学业指导到为人处事我都亲力教导。

记得有一堂英语课的 teamwork 中，我察觉到一位来自农村的学生因不会操作电脑而心生怯意，于是便不动声色地安排她在小组中担任与电脑操作无关的工作，不仅让小组作业顺利完成，更保护了这个学生的自尊心。课后，我又找这名同学谈心，了解她的学习生活情况，并鼓励她用课余时间补上欠缺知识。

每次开始带一个新班级，我都有一种期待，觉得我是去结识一批新的朋友。对待这项事业，我用的是毕生的热忱，对待每一位学生，亦是一颗真心。

关于家风，曾经有人问过我这样一个问题：我的父母对我讲过的、令人印象最深刻的一句话是什么？

我想了想，大概可以这么回答吧——

也许我没有办法记住他们说过的每一句话，做过的每一件事，但我的身体发肤，是父母赐予我的；我的一言一行，都有他们言传身教的影子，他们的勤劳质朴、与人为善、乐于助人、真心待人的品质，就像生命之初给予我骨血一样，融入我的身体，伴随我一生。

善良与真诚的力量

吴晓维

年幼时，我常与祖母一起生活。她是一位质朴的家庭妇女，没有接受过系统的教育，仅念过几年私塾，后因家里经济状况窘迫而辍学。但她常常会讲一些中国传统文化故事给我们听，譬如，孔融让梨、凿壁偷光、苏武牧羊、岳母刺字等，在我们幼小的心中播下了一粒粒有关中华传统文化美德的种子。她始终教育儿孙们要热爱生活，要堂堂正正做人、认认真真做事，要与人为善、诚信为本。

稍长几岁后，我的父母亲也一样严格要求我、教育我，从上小学开始到考入大学，再到参加工作，这种家风家教的核心理念不断助力并影响着我的成长、影响着我为人处事。我深深体会到，做人做事看的是人品，待人真诚善良，做什么都会顺；反之，则做什么都难。人的一生很短暂，要与人为善、谦和有礼；要活得有尊严，坦坦荡荡、堂堂正正，这样才会是最后的赢家；要热爱生活、敬畏生命，努力让平凡的日子充满乐趣并有意义，不要轻易怠慢生活，不要轻易颓废心情；做事要有担当，认真踏实工作，才能问心无愧。我觉得能做成一件件小事，那离做成大事也就不远了；要尽己所能帮助别人成功，这样自己才有成功的可能。在杭师大从教 30 余年，我一直坚守并践行着这样的理念，用善良、真诚、爱去教育和影响我的学生们，有幸也培养出了一批品学兼优、学有所成的学生。

1998 年，我的妻子马春放弃了德国公司的高薪工作，受马云之邀加入了阿里巴巴的团队，担任马云的第一任秘书，同时兼任人力资源部的工作，开始了她在阿里巴巴的艰苦创业。她以诚待人、积极工作、开拓奋进，从不计较个人得失，用自己的善良和真诚感动了阿里早期的员工，至今阿里的老员工提到她，依然会说："当年是你的真诚感动和激励了我们。"当下，她依然从事着自己热爱的青少年英语教育事业，依然在用她的善良和真诚去感化和教育孩子们。

1988 年，儿子呱呱坠地，我们给他取名舒恒，希冀舒坦开朗、持有恒心。在对儿子的教育中，我们既传承了上一代家风家教的基本理念，还融入了现代教育的观念。善良与真诚融入了他的血液，也成为后来老师、同学、朋友与合作伙伴对他的一致评价。他在英国完成学业之后，选择了自主创业。他用自己的专业知识，助力赴英学习的中国留学生，帮助他们解决学业中遇到的各类问题；与此同时，他也是英国伯明翰市政府的签约翻译，直接参与接待中国各大城市政府代表团的访英工作，为促进中英文化交流做着一件件小事。

习近平总书记对家庭、家风和家教有过许多论述，他在

吴晓维爱人马春与春之园的孩子们一起

第一届全国文明家庭表彰大会上发表重要讲话，强调"家庭
是人生的第一个课堂""家风是家庭的精神内核""家风是社
会风气的重要组成部分"，他的重要论述也激励着我们更加注
重家风家教的建设。因为从家中得到的真切、诚恳、实在的
教导，不知不觉之中便形成了一个人的价值认知与道德底线。
家风家教看似柔软，但一定是支持我们前行的坚定力量。

我理解的家风

楼佳庆

　　我的双亲都是地地道道的庄稼人。我的母亲是童养媳，3岁到父亲家，16岁与父亲完婚。家中有哥哥姐姐和我一共5个孩子，我是最小的。土里刨食的生活，虽谈不上滋润，但也能温饱。从懂事起，我就知道家里有个不成文的规定，那就是勤俭持家、孝敬长辈、坦诚待人、廉洁奉公。春种秋收，岁月如流，父母的言传身教，潜移默化地影响着我。

　　父母文化程度不高。母亲没念过书，解放后通过扫盲班学习识字，加之听戏、看小说，学到的文化知识倒也不少。祖母说父亲小时候常被祖父训斥"不争气"。最终，刚念完3年私学，父亲就被祖父拎回家种地，从此便与土地打上了交道。可能是因为农村孩子在地里摸爬滚打惯了，父亲干起活儿来颇有"天分"。听父亲说，解放后，那时生产队算工分，他手脚利落，是村里有名的勤快人。母亲则担任村里的妇女主任，负责妇女工作，最初负责评光荣妈妈，后又忙计划生育的工作。他们平日都是早出晚归，我们兄弟姊妹便由祖母带大。父亲白天在生产队干活，收工后还要到自留地种点小菜，就连下大雨的日子也要去田埂上照看照看。父亲说，踩着地就觉得踏实。平日里，父亲不仅自家农事照料周全，遇见邻里乡亲需要帮忙出力的，还会热心肠地帮衬一二。

父亲也常念叨，做人要耿直、老实。幼时不解，年岁渐长，便有了些许感悟。或许，他口中的耿直、老实就是坦诚吧。父亲与人打交道，总是有一说一，说一不二。因此，性情温和的他没少同人急眼。一次，生产队年底分鱼，一户一堆，别人都拿走了，最后留给我们的只剩下最小的鱼。我哥说，我们家分到的鱼最小。父亲说，我分的，就是要别人先挑，最后才轮到我们。之后没有听闻村民有意见，但我认为，那鱼很小，而我们家人多，鱼小，吃亏了。父母却认为吃亏是应该的。

同父亲一样，母亲也是个老实人，她很早就加入了中国共产党。母亲在妇女工作中绝对负责，而且是个极俭之人，她的节俭与父亲的勤恳总是相得益彰。不仅自己舍不得吃穿，也教孩子省吃俭用。记得7岁时的一个雨天，我从学校报名后回家，发现村口的路上有一个大皮包，比我整个人还高大。我提不动，四周也不见人。母亲高声询问了许多次是谁的包，我们在包边上守了一个多小时，依旧无人认领。天色已晚，母亲决定把它送到公社（我们并未打开检查包内物品，因为别人的东西不能动）。我们提着包走了一公里左右，忽见一个40岁左右的中年男人推着自行车，急匆匆从前面一路问人，有没有见到一个包，因母亲给那个包罩着雨具，

楼佳庆家边一景

他没有发现，直至问到我们。母亲问明包的颜色、大小、形状、样式，皆与我们所拾到的包一致，便确定是他遗失的，就还给了他。他一见到包便千恩万谢，说正是他的包，自己是从萧山来给当地一个工厂工人发工资的会计，包内有 3 万余元（1969 年时是巨款），刚从临浦一家银行取出，用草包裹着大皮包绑在自行车后座上，在砂石路上一路骑行，直到工厂门口才发现包早已不翼而飞。心急如焚的他一路往回走，边走边问，正好碰见拾到包的我们，否则他不但要赔偿这笔巨款，可能还要入狱。母亲总是信任他人，不是自己的东西坚决不要。此外，我从母亲身上习得的第一件事就是记账。我高中时开始住校，也就开始了自己"管钱"的日子。父母十分信任我，并不担心我乱花钱。同别的孩子不一样，我领生活费并不是按月，而是按学期。受母亲的影响，每笔花销我都在小本上记得一清二楚，因此没有出现用钱紧张的情况，也能够合理地计划自己的生活与学习。

我总觉得母亲是个把日子过得刚刚好的人：每顿饭都做得刚刚好，人能吃饱，但饭菜不剩余；衣服买得刚刚好，价格不贵、数量不多。她会裁衣，总是买来布料自己裁制衣服，但总让我们一年四季不缺穿。往往哥哥姐姐穿过的衣服弟弟妹妹穿，但过年大家都会有新衣服，母亲自己却总是没有。农闲时，她还会自己织毛衣，她总说，织的比买的便宜，穿着也更暖和。从小到大，我一件毛衣也没买过，都是母亲织的。工作后，我的生活费再也不依靠父母，可母亲省吃俭用的习惯仍丝毫未变。过年回家给母亲百十块钱，她还总是说："我有钱，你自己留着，以后娶媳妇要花的。"其实母亲又何尝给自己留多少钱呢。她几十年如一日，勤俭持家、相夫教子，帮着父亲把家打理得井井有条，深受乡亲邻里称赞。母亲把我们5个孩子培养成人。我们从8个人住不足35平方米的土改时期分得的房，到1974年时建起3间每层120平方米二层新房子，住房条件有显著改善。后来我们一个个成家立业，而母亲自己已青丝不再。

勤俭持家、孝敬长辈、坦诚待人、廉洁奉公。虽然父母亲说不出如此标致的话，但总是身体力行。我一生所学到的做人的道理，皆出自他们的教育。那些话虽然没有明明白白、清清楚楚地写出来、挂起来，但是实实在在、稳稳当当地长在我的心里，融入我的血液里。这些不成文的家训，走到哪里，我就带到哪里，终身受益。

家风家训这个看起来虚渺的名词，真实地存在于我们每个家庭之中。父母的每句叮嘱、每句关心，都是他们年岁积累的财富。若留心，就会发现其实有许多言语，父母在我们成长过程中不断地重复、提及，或许这正是隐藏在我们身边的家风家训。

我家不是书香门第，也不是官宦人家，只是中国千千万万普通人家中的一员，勤劳、善良、朴实的父亲母亲，用粗糙的双手抚育我们长大，为我们树起"成才先成人"的榜样。

从记事起，父母亲常跟我们聊做人的道理，教我们礼貌礼节、待人处事，教我们吃苦耐劳。走上工作岗位后，我遵从父母的教诲，努力做一名好职工，与同事们真诚相处，同事们也乐于帮助我，支持我；我尽心尽力地完成领导布置的每一项工作，每一位领导也给予我关心和爱护；我勤奋做事，加班加点，积极上进，党组织向我敞开了大门，我光荣地加入了中国共产党，在思想上、政治上、事业上不断进步。2016 年我获得了"校优秀共产党员"，以及"杭州市优秀教育工作者"等荣誉称号。

参加工作 32 年来，常需做人体解剖实验室工作。需要接触尸体的工作，许多人都不愿意，但我认为工作总需要有人去完成，并无贵贱之分，这也与家人的支持紧密相关。特别是近几年开展的捐献工作，只要有电话来，我总是认真完成，不论昼夜，不论路途远近，都是第一时间执行，做到捐献家属满意，捐献者安息。截至目前，我共接收 1385 具大体老师，为学校医学教学科研工作尽了自己的职责。不论我身边的同事如何调换，我依然在坚持，这与家人的支持和理解是分不开的。

回想自己走过的路，我对"成才先成人"这句话有了更深的思考。在我逐步成长成熟的过程中，它给予我深深的启迪。"成才先成人"，成人是成才的基础，一个优秀的人往往具有良好的品德和行为习惯，具有乐观豁达、积极健康的人生态度。我谨记父亲的话语，不断修正自己的不足，努力成为对社会有用的人。"诚者，天之道也；思诚者，人之道也。"在诚实守信的良好家风中，我始终谨记祖辈们的谆谆教导，以实践来传承我的家风；在生活中，我铭记诚信的传统美德，待人诚恳，不轻易许诺，一旦承诺，必当竭力完成。正是这样一种诚实守信的优秀家风，教给了我朴素而又真切的道理，给予我受益一生的品格。

润物无声的大爱

钟国富

　　人常说，父爱如山，母爱似水。我的父母，一生中或以平淡而不失亲切、温暖却令人生畏的大爱潜移默化地影响着孩子们的行为；或以厚重深刻、深沉无言的关爱，为一路上磕磕绊绊的我们护航。他们如一阵阵和煦春风，把我的烦恼悄然吹走；又像是滋润心灵的雨露，常常微笑着鼓励我们，并坦然面对我们学习成绩的起起伏伏……这种呵护如春天般的温暖、如丝丝细雨的点滴滋润，无形之中给我们提供了一个宽松和谐的学习环境，并且逐渐激发了我们的学习兴趣和健康志向。这在那个没有"兴趣班""补习班"的年代，反而培养出了一种我们今天所说的"独立思考"和"创新思维"的能力。

　　我庆幸自己既能拥有在困难时给予我勇气的父爱，而又得以在遇到困难时能享受到体贴细腻的母爱！父母的宽厚慈祥、包容关爱，严于律己、言传身教，对我们的成长、成才

钟国富指导学生做实验

和进步产生了深远的影响。今天，我们兄弟姊妹三人，之所以能成长为教授、高工程师，与我们父母的精心呵护、养育和奉献是完全分不开的！尽管我的父母都已离世，但他们一直在天堂望着我们、牵挂着我们……我眼含泪水写下这些文字，以追忆和感恩我在天堂的父母，并特别感谢父母为我们传承下了良好家风。于丹说，真正的国学是家风，因为家风是一个家共同的默契。父母不仅给了我们无私伟大的爱，而且始终为子女们展现出向上的精神风貌、优良的道德品质、健康的审美格调以及读书不多却不卑不亢的气质，正是这种良好家风，给了我们姊妹三人一把开启心智的金钥匙！父母德高，子女良教；父母美德，儿之遗产。作为儿女，我们倾尽一生也无以报答！我们只有将家风传承下来，更多渗透于家庭日常生活，彰显在家庭成员的举手投足当中，好好地生活、奋斗，才是对父母之爱的最好回报。

父爱，往往不同于母爱，能在你困难时给予你勇气，但常常会被误解或忽略。我父亲一向不擅长言语，总是以清晨那忙碌的背影，为我传递着一种无与伦比的力量。父亲有句口头禅——"万事不求人"，我至今记忆尤深！我对这句话的理解就像英语里的名言"You never know, if you don't try！"正是这句话引领我度过了在国外求学时的艰难岁月。"一切靠自己！要自己亲身试了才明白！"我的科研、创新之路也正是这样走过来的。

　　母爱有母爱的温柔体贴，似水的柔情。我的母亲正是这样，并且她在家里还绝对算得上是主心骨。在母亲的影响下，我们三个孩子很早便知晓了生活的不易，也从小就养成了自觉、主动、勤快、轻易不言放弃的品质。那时候，平常我们多以粗粮为主，很少有细粮和肉吃，只有逢年过节才能见到一点荤腥。但就是这样的生活，却因为我母亲有一手制作泡菜的绝活儿，总能让一家人吃得有滋有味。逢年过节，母亲总会用平时攒下的一点点钱给我们纳鞋底、做新鞋、缝制新衣，让我们三个孩子能在节日里过得体面、开心。尽管家中不富裕，但母亲仍会常常接济和照顾那些比我们过得还辛苦的亲戚：她把我的堂姐和表姐先后从农村老家接到我们这个本不富裕的家里来，让她们同我们一起接受教育。母亲还有一双巧手，钩鞋帽、织毛衣、缝衣做裤，样样在行。这不仅让我们三兄妹直接受益，就连表姐与堂姐家的孩子们也跟着一起沾光，甚至连左邻右舍的孩子们也分享到了这份温暖与关怀。母亲性格和善，待人温和，任劳任怨。她极少打骂孩子，一生之中几乎没有同别人吵过架。母亲用她的善良、勤劳和知行如一，为我们树立了永远的榜样！

虽说母亲从未对我们说过"爱你"或者"爱你们"之类的话，但是她用行动诠释了"爱"的真谛。母亲的"爱"在她离世前再一次表现得淋漓尽致。记得2013年，她在弥留之际，带着深深的遗憾对我说："我没有什么本事，没有留下什么遗产给你们，不要怪我……"我噙着泪水说道："妈，不要这样说，因为你的培养，才让我们长了本事，我们感激你都来不及呢！你对我们的爱，就是你留给我们的最重要的遗产，这比什么金钱和物质遗产都金贵！"这时母亲才安下心并带着微笑满足地轻轻点了点头。虽然五年过去了，但那一幕到现在还时时浮现在我的脑海里，让我不断地重新领悟"母爱"的真正内涵。

感谢父母，虽然他们只是普普通通的工人，但在我的心里，他们如同绵延伟岸的青山，像滋润心灵的涓涓细流，是他们教导我们如何去做人的启蒙老师，教会我们做一个对国家、社会有用的人。感谢父母以无私奉献精神和言传身教的品德培养我们成才，使我们养成了艰苦奋斗、独立思考、诚实守信和永不放弃的好习惯，使我们拥有了受益终生的精神财富！

我想对我的父母说：能做你们的儿子是我最大的骄傲！如果人生还有来世，希望下辈子继续做你们的儿子！"人生内无贤父良母，外无严师益友，而能有成者少矣。"没有无私的、自我牺牲的父母的帮助，孩子的心灵将是一片荒漠。

父爱母爱，大爱无疆；启智蒙正，润物无声！

家风

叶旦捷

我父母都从事绘画工作，我们的家风，最突出的就是对艺术、对美的热爱。

我祖父、外祖父及其家人受传统文化的影响，都喜爱绘画和音乐。父母对艺术的兴趣始于童年时期。父亲说起过小时候到亲戚家的照壁上画"下细上粗"的竹子，糟蹋了白墙，却受到长辈纵容的趣事；母亲则回忆过童年时家里有许多画册，有笛子、箫等乐器。母亲从小就喜欢临摹画册，我的大舅舅李元庆则从小就喜欢吹拉弹唱，后来成为著名的音乐家，担任过中国音乐研究所所长、中央音乐学院研究部主任、中国音协书记处书记、《音乐研究》主编、国际音乐比赛评委等职。

父母都是少小离家，走南闯北，很早就参加革命。随后，他们对艺术、对美的追求就与民族情怀融合在一起了。父亲曾因参加"中国左翼美术家联盟""反帝反封建文化大同

解放战争时期的父亲叶洛

盟", 组织进步木刻活动①被捕入狱, 鲁迅先生在《且介亭杂文末编·写于深夜里》记述了此事; 母亲在日伪统治下的北平参加抗日救亡活动, 组织过受中华民族解放先锋队领导、由音乐家崔嵬担任演出指挥的中学生歌咏队; 我的大舅舅则和聂耳一起组织了"北平左翼音乐家联盟"。1941年父母经周恩来介绍、由八路军驻重庆办事处安排赴延安, 进了"鲁艺"。此后, 在组织的安排下, 他们"哪里需要到哪里去", 从延安到东北解放区、天津、北京、西安……其间做过各种文艺工作: 延安时期做美术研究员、做泥塑、画宣传画; 解放战争时期编画报、写通俗诗; 抗美援朝时期写歌词。后来画连环画、年画、儿童

① 父亲是20世纪30年代在杭州艺术专科学校成立的"木铃木刻研究会"的三个核心成员之一。

画、油画，做美院教师……几十年里他们乐在其中。

我的父母对艺术、对美是不折不扣的迷恋。

我小时候对父母不满意，因为他俩白天总是各自作画，不理我。母亲说过，她在人民美术出版社做创作员时，常常因为画画忘记去吃饭。父亲外出写生，从不在乎寒暑、辛苦。童年时期，我跟着父亲出门，常见他用手指框成长方形的"取景框"，对着他感兴趣的景物移动，琢磨绘画的取景。在那个闭塞的年代，几年举办一次的全国美术作品展览对画家来说是难得的学习机会。从"美展"的第一天到最后一天，一个月中，父亲天天往中国美术馆跑，有时也带我去。我总是看到父亲在一幅画前一站就是一二十分钟甚至更长时间，入迷地盯着画看。记得父亲有一次去甘肃，回来后动情地说起参观汉代石雕时看到一位外国人（应该是艺术家）面对石雕号啕大哭，说"来晚了"。当时我理解父亲动情是出于民族自豪感，后来我明白了：父亲的感情中，还有对那位外国人反应的认同、情感共鸣，即面对艺术美无法抑制的激动。父亲也喜欢文学，中国古典文学和外国文学都喜欢，闲暇时会摇头晃脑地吟诵古诗，乐在其中；谈起《水浒传》《好兵帅克》、爱罗先珂的童话……他如数家珍。母亲除了绘画，还特别喜欢欧洲古典音乐，常放贝多芬、德沃夏克、柴可夫斯基等的音乐听。

因为对艺术、对美的热爱，我们家的日常生活挺有意思。我小时候，母亲给我做过泥塑的小房子、小磨盘、井栏辘轳等等，用它们在桌上摆成有趣的"缩微"农家小院；父亲在民间折纸的基础上花样翻新地给我折了一堆纸动物，有

《石头缝里种树的人》 叶洛作于 1950 年 《迎春》 叶洛作于 1985 年

马、羊、狮子、鸟、刺猬等等，还给它们上色。它们漂亮得我都舍不得玩，把它们放在壁柜里，邻居家的大人孩子来我家，常常是三五人簇拥在壁柜前欣赏它们。父母会带我到美院附近的小镇杜曲的集市上买剪纸，会在下班途中折野菊花、捡园艺工人丢下的冬青树枝叶回家插瓶，会去捡河滩上有美丽花纹、色彩的石头回家放在柜子里，会从杂货店里淘来或古朴或别致的各种瓷器做日用品或摆设……从小学到大学，同学到我家总是饶有兴致地"考察"各种摆设。

在我的记忆中，小时候我学画，父母把引导我发现、感受美放在第一位。我临摹书上的画前，他们会让我先"看画"，让我说出"好在哪里"，然后给我补充讲解；我进入画石膏教具的阶段了，他们也是先引导我注意石膏上明与暗、光与影构成的美。他们会叫我观察清晨随着太阳的升起田野上的色彩变化、晚上树木和房子在夜空背景下的"剪影"风格，会叫我体味门前铁根海棠疏影横斜的"水墨"韵味、注意农民扬场时动作的刚与柔……后来我喜欢上了王维的诗歌，读到"坐看苍苔色，欲上人衣来""山路元无雨，空翠湿人衣"这样的诗句，不由得想起当年父母引导我观察生活中的美的往事——有一双善于发现美的眼睛能让人获得多少享受啊！

父母这一辈子，从事专业的条件并不好。抗战、解放战争时期条件艰苦，东奔西走；解放后又被政治运动消耗了许多时间精力。父亲担任过许多需要做事务性工作的职务，比如延安美术工作者协会理事、《齐齐哈尔报》报社美术科长、《西满画报》《嫩江画报》创作研究科科长、中央音乐学院创作组副组长、北京人民美术出版社《连环画报》编辑室主任、西安美院油画研究室主任等等，其间本可用于作画的时间被职务工作大量挤占；母亲在"人美"工作期间下乡时患上冠心病，时时发作，这些都严重影响他们作画。但是，父母在美术领域均有成就，尤其是父亲。20世纪30年代，父亲成为中国新兴木刻运动的先驱之一，版画作品被鲁迅、宋庆龄送到巴黎展出，被法国《人道报》刊载，也被鲁迅先生收藏，现藏于上海鲁迅纪念馆；鲁迅逝世时父亲画的《鲁迅先生遗容》被北京鲁迅博物馆收藏；20世纪40年代在延安时父亲创作的富于民族、民间色彩的小泥塑，被朱德总司令当作礼品赠送给外宾，也被访问延安的外国友人采购，从而成为延安走向世界的一张"名片"。解放后，在中国很少向世界"输出"自己的美术作品的年代，父亲的插图作品被送到莱比锡国际图书插图装帧展览会展出；父亲的油画作品被中国人民革命军事博物馆和中国美术馆收藏⋯⋯

促使父母在艺术领域辛勤耕耘的，除了他们对艺术、对美的迷恋之外，还有他们对自己作品社会价值的看重和责任感。父母对自己作品被群众认可、产生社会效应的情况津津乐道。记忆中，父亲常讲起西安美院隔壁村子里的农民进画室看他作画舍不得走，讲起"土改"时他写的通俗诗歌使农民改掉愚昧习俗，讲起他为抗美援朝写的歌词被谱成曲、由上海音乐学院歌唱家周小燕演唱后受到群众的喜爱时他眉飞色舞，自豪之情溢于言表。他们有着从延安走出来的艺术家的共同心态：认为自己有责任创作出被群众喜爱、在社会生活中发挥作用的作品。因此，父母能够在艰苦的环境中执着钻研绘画艺术，能够愉快地在艺术领域"打杂"，接受写通俗诗、歌词，画海报、宣传画、儿童画、插图⋯⋯这样的"小儿科"任务，做起来很愉快、很投入，能出彩。

父母的艺术和人生的追求，不是源于简单的政治理念，也不是源于功利性的人生目的，而是源于他们对人民的感情。记忆中，父亲在西安美院周边的村子里口碑极好，有许多农民朋友。"文化大革命"时，"造反派"拘禁、殴打父亲的消息传到学校隔壁的村里，有威望的老者立刻召集村里的年轻人说了句："你们去！"于是一群青壮年农民冲进学校，一拥而上从"造反派"手里"抢"出了父亲。那架势吓住了"造反派"，从此他们再没动过父亲。父亲常说：没有他们，我没准儿就死了。对父母来说，"人民"就是由这样的可亲可敬的人组成的群体，"文艺为人民服务"是他们发自心底的追求。

父母对艺术和美的热爱，他们的人生追求，影响了姐姐和我。

姐姐对绘画、对美的迷恋，比起父母有过之而无不及。没上学的时候她就趴在桌子上画画，一画就是几小时。她从上中央美院附中开始住校，放寒暑假回家，总是第二天就背起画板往外跑，早出晚归。她的作品和画框多到家里放不下，得租了房子来放。迷恋绘画带来的勤奋，使她终于成为一个不错的画家，成为中国美术家协会、中国版画协会会员，有许多作品发表或在中国美术馆展出。在媒体采访时她说，能画画她就高兴，绘画就是她的生命。她也像我父母一样追求作品被群众喜爱。因此，她的创作逐渐形成了鲜明的民族风格。生活中，她"置办"漂亮摆设的兴趣，也是远超父母。她的家里，墙上挂的、柜子里桌子上摆的、地上铺的工艺品，多到令人目不暇接。

我喜欢文学，也是受父亲的影响。小时候学画的经历对我学习文学很有帮助。大学时期，一次古代文学期末考试，试卷是樊维刚老师出的，上面从头到尾都是宋词分析题。我觉得这些题目挺有意思，做起来也没什么压力。哪料考试结束后班里叫难声四起。这门课我拿了班里的最高分。后来我想明白了：学画时受到的审美训练，让我对"用形象说话"的文学作品中的美比较敏感。父亲病逝后，我独自照顾体弱多病的母亲。母亲一累就要犯心脏病，一犯病就要住院，我失去了行动自由，时间精力长期受限制。郁闷之下，幸而有文学给我以精神慰藉、心灵享受。我喜欢上文学课，能和学生分享文学作品之美是一种享受；学生也喜欢我的课，给我的评教分数也没有低过。我也喜欢制作课件，我制作的"东西方文学"课件有 1300 余页，用于链接的 PPT 更是多达两三千页。对我来说，制作课件是一种享受，这个过程，我沉浸在重温作家作品带给我的文学愉悦中，也沉浸在设计页面布局、处理页面色彩、运用插图插画……带给我的美的愉悦中。后来我还制作了"外国文学作品导读"课件。这些课件页面美观，内容丰富，刻进光盘里和教材一起出版后，反响不错。我的同学觉得我花如此多的时间精力弄课件这种"小儿科"的东西"不划算"，而我则觉得把这样的课件提供给有需要的教师们使用，是有价值的服务工作；我在这个工作中得到了享受，这就不错了。

受家风的影响，我姐姐的孩子也学绘画。我的孩子，从小喜欢文学，小学时是杭州日报社的"蓝精灵"小记者，大学读的是中文系。现在她们虽没有从事艺术职业，却享受着浸润在艺术和美中的人生乐趣。人，在物质需求基本满足之后，自会追求审美欲望的满足。随着社会经济文化的发展，我们的社会里，"诗和远方"已被提上议事日程。我相信，我们的家风会传下去；热爱艺术和美会成为越来越多家庭的家风。

诚

贾中云

诚是忠诚，是对祖国的忠诚和对事业的热爱；诚是真诚，是以一颗真诚的心对待他人；诚是诚信，做老实人、办老实事、说老实话。

老老实实做人，踏踏实实做事，勤勤恳恳工作，是中华民族几千年传承下来的优良品德。我们作为新中国普通家庭中的一个，把这些优良品德作为努力的目标，也将它视作教育孩子成长的重要课题。因此，我们以"诚"作为家训来鞭策自己，也以"诚"来教育自己的下一代。

小时候，我每天都要受到奶奶的耳提面命：做人要诚实，要听老师及长辈的话，学习要努力……这些话深深镌刻在我的脑海里，我遵循这些教导一步步长大，在读书、工作中从未忘记。

成家以后，我的家庭为"诚"作了更好的注解。我岳父是一名大学教师，把教学事业作为他的第二生命，常常在我们面前"炫耀"他的学生如何优秀，他与学生之间如何融洽，他与同事之间如何和谐。有一次，他在家中不小心从高处摔落，但第二天有课，于是忍痛骑车从城中赶到城西上课，在讲台前若无其事地为学生认真讲解，直到下课铃响才痛倒在椅子上。经同事劝说去医院检查才发现肋骨断了几根。岳父竟然忍着骨折的疼痛骑行那么多的路，还讲了几小时的课！我不知道他是如何坚持下来的，但是他对事业的热爱之心深深震撼了我，也成为我从教的示范。我岳母是浙二医院血液科的一名医生，视病人如亲人，医术精湛。她真诚地对待每一个病人，温柔细致地询问，春风细雨地安慰，无论病人来自城市或农村，富有抑或贫穷，她都一视同仁。岳母会说江浙一带不少地方的方言，她说和外地病人用方言交流容易拉近距离，更便于问病诊脉。如今我的岳母已退休十几年，仍有不少当年经她治好的患者前来看望。他们谈笑风生，总让我心生感慨，只有真诚待人，才会得到别人的尊敬！长辈的言行深深地影响着我们。我们将"诚"心投入工作，也以"诚"意教育下一代。

我深知，一个人的成长，品行至关重要。品行端正的人无论怎样发展，终会为社会、为国家做出贡献。品行不端者能力越强，带来的危害就越大。因此，我们首先从品德上培养孩子，以"诚"教育孩子，身体力行影响孩子。

我们教育孩子做人要诚实，不诚实是不可原谅的。在女儿读小学的时候发生过这么一件事：作业中有一项是每天跳绳300个，有一次她怕累，告诉我们说她已在阿姨家跳过了，我与阿姨联系后得知她根本没有跳，于是对她进行了严厉的批评，并让她自我反省。同时作为惩罚，当天的跳绳数量加倍。从此，女儿知道了做人必须诚实，即使犯了这样那样的错误也要勇于承认。犯错不可怕，接受教训改了就好，最可怕的是用谎言掩盖错误，那是绝对不能被原谅的。

我们教育孩子要真诚待人，与人交往中要真心对待每一个人，不歧视任何人。我们自己这样做，女儿看在眼里，也付之行动。从入学的第一天起，她与班上每一个同学都保持着良好的关系，从不与人恶意争执，对老师、对同学、对班级事务，她都能以最真诚的心去对待。前段时间整理杂物，我随手翻开她的小学毕业纪念册，看到有一个同学这样写道："小学六年，只有你愿意与我聊天，谢谢你。"女儿说，那个同学成绩不太好，班上的同学都不理她，而女儿却总是温和相待，所以才有了毕业纪念册上的那一段留言。我很欣赏女儿这样的处世态度，我们建设和谐社会，真诚是必不可少的道德基础。"诚"，是我们的家风，也是我们的家训。我们愿意从前辈那里汲取传统道德的精华，将它发扬光大并传承给我们的下一代。

我们家的老党员

滕　云

　　母亲今年 75 周岁了，可是从工作岗位上退下来才是今年的事儿。母亲的职位不高，曾是西湖区嘉绿名苑街道居民区的支部书记，可我们看她忙忙碌碌地工作了近三十年。若非身体原因，她还想继续工作呢。所以，她遗憾地退岗，做起了快乐而幸福的太婆婆，经常打电话让我发给她太外孙的视频，看完总忍不住放声大笑，还去找老姐妹们分享。

　　母亲出身劳动人民家庭，是杭州本地居民。1949 年她正好读小学，中学在浙大附中就读，是一位学霸。小时候我学英语那会儿，她经常在我面前秀她的俄语，说我和我的女儿英语出色是因为她优秀的外语能力基因。

　　母亲 47 岁左右退休，年轻时聪明伶俐能说会道，被选为居民区主任，工作初期正在我们老家西湖区茅家埠（现在的茅乡水情）风景区。记得当时我刚生完孩子，在母亲家里住了一段时间，她能做到家里家外一把抓，忙得充实而愉快。每逢过年，她更是忙碌，不仅要张罗家里老老小小一大家子的饭菜，家外还有几位孤寡老人等着她送去烧好的热腾腾的年夜饭。记得有一位当地的五保户老人是在母亲不怕累不怕脏的收拾和关怀下，安详而体面地离开人世的。后来老人的弟弟从美国赶回来，拉着母亲的手，感激不已。母亲说："这是我们共产党员应该做的，更何况他又是我们的父老乡亲。"

后来我们家因为西湖西进整治，搬到了嘉绿名苑小区。这次组织上让她担任居委会书记一职。到了新的环境，她又开始了热火朝天的工作。

四年前我得了场大病，十分担忧的母亲把我接到了她的身边，日夜看护和陪伴，我近距离感受到了母爱的温暖和强大。有时候她还邀请我参加她的居民区夜间安全巡逻，她手臂上戴着红袖套，神采奕奕地走在我的前面，一路上与人打着招呼。那些经常受到我父母关怀的孤寡老人看到她更是亲热地拉着她的手。她也有病痛，可是一到了工作岗位，立马变得健康豁达、积极乐观！记得在G20峰会期间，母亲作为志愿者昼夜不分地值班上岗，工作很辛苦，但感到活得充实、有价值。

我很幸运有这样一位好母亲，她教会我善良而

滕云的母亲获评"西湖区最美长者"

坚强，一直快乐而勤奋地工作。由于工作出色，并带动家人和她一起深入居民家庭，为社区居民尤其是孤寡老人提供贴心服务，她多次被评为"优秀共产党员"，事迹也多次被大幅登载在《钱江晚报》和《青年时报》上。

我们一家人在母亲的感召下，在生活中学会并且履行着作为一位普通党员应该具备的善良、坚强、知足和乐于助人的品质。我和我的女儿在学习工作上取得的每一点进步都离不开她的榜样示范和带动。

忠孝勤勉
明礼感恩

中篇

龚上华 ———— 你不一定要成为最优秀的人，但一定要成为最努力的人；你不一定要在意别人的目光，但一定要成为一个有责任心的人；你不一定要处处争第一，但一定要成为善良谦逊的人；你不一定要凡事追求尽善尽美，但一定要成为爱自己、爱他人、热爱生活的人！

孙　燕 ———— 忠厚传家久，不要老想着占便宜，占小便宜是吃大亏。要与人为善、热情待人。

鞠秋红 ———— 勇敢去尝试，不要害怕失败；学若有所成，要懂得感恩回报。

吴小芬 ———— 女儿就是我的一面镜子，在她的世界中，我看到的是另一个自己。所以，女儿也在成全着更好的我，让我不断从德向善。

克己复礼为仁

邓新文

我母亲去世已经一年多了。她留给我和我们整个家族的精神遗产，可以用"克己复礼"四个字来概括。颜渊问仁，子曰："克己复礼为仁。一日克己复礼，天下归仁焉！为仁由己，而由人乎哉？"母亲不识字，《论语·颜渊》的这几句话她肯定没有读过，但母亲的一生却是"克己复礼"的一生，比古今许多把《论语》背诵得滚瓜烂熟的人还要虔诚，还要实在，还要义无反顾。我曾追随时代潮流，认定母亲"克己复礼"的言行属于封建迷信，是奴性的思想，是弱者的哲学，但最终发现自己根本就错了。母亲才是她自己思想和言行真正的主人，而我们却更多的是自己囫囵吞枣所得思想和理论的奴隶。母亲一生行其所信，恬退隐忍，表面谦卑顺从，从不忤逆人意，但内心里却主见甚强，坚不可摧，决不因为已经做出的承诺而束手束脚、畏首畏尾。我也是中年以后，深入到母亲的生活中，才发现她内心的强大，比我知道的那些

在邓新文婚礼上的合影（摄于 2009 年）

倚仗权势、恃强凌弱的人，有点地位钱财、有点知识技能就沾沾自喜、自以为是的人，强大百倍。

"克己复礼"，用今天的话说，克，是克服、战胜；己，是私心、私欲；复，是恢复、光复；礼是礼让、礼敬。"为仁由己"，就是仁爱的言行完全出于自觉自愿，而不是被诱被迫。"经礼三百，曲礼三千，一言以蔽之，曰毋不敬。"所以，礼最重要的不是繁文缛节的礼仪礼貌，而是对对方发自内心的敬意。孟子说："爱人者人恒爱之，敬人者人恒敬之。"这道理，谁都能懂，谁都知道它的好处，但做人最难的就是发自内心的爱敬很难生起，即便偶尔能生起，也很难保持。为什么发自内心的爱敬很难？因为我们的私心、私欲太多太强。所以马一浮先生才说："克己复礼，正如收复失地、战胜攻克一般，须是扎硬寨、打死仗才行。"从这个意义上说，私心、私欲越强的人，这个仗越难打；私心、私欲越弱的人，这个仗越好打，这是从克服战胜的对象一面说。如果从克服战胜的主体一面来说，"克己复礼"的意愿越坚强，这个仗越好打；反之，则越难打。回顾我母亲的一生，我觉得她之所以能坚持下来，首先在于她的私心私欲很少很淡，其次才是她的意志坚强。

庄子说："嗜欲深者其天机浅。"我母亲的道德成就之所以能征服我们家族每一个人的心，其中的一个重要的原因是她的嗜欲几近于无。母亲一生舍不得吃，舍不得穿，苦行程度近乎头陀。吃得好一点，穿得好一点，她的心里总有一种负罪感。即便晚年生活条件有了很大的改善，母亲依然节俭如故。直到去世，母亲一生没有住过一天医院。从前家庭困难，她是"有钱把病治，无钱把病挨"，伤风咳嗽、发热头疼，母亲多半是拖好的。实在疼得厉害，母亲就把手帕卷成绷带沿着太阳穴紧紧地捆扎起来。这些细节，我至今记忆犹新。晚年每次生病，儿女要带她去医院，她是能拒绝就拒绝，不能拒绝，最多顺从一下，到医院看看医生，开些药，就吵着要回家。她说："人到这个年龄，总是要走那条路的，何必花这个冤枉钱呢！"一般人最忌讳的就是死亡，而母亲却真是视死如归。一个把生死置之度外的人，其内心之强大可想而知。能淡泊欲望，是母亲一生能坚持克己复礼的基础。

正因为欲望寡淡，所以母亲很容易满足，从而相对才有"剩余"的钱财和时间去帮助他人。母亲一生乐善好施，对

邓新文双亲老而弥笃的爱情不仅是儿孙辈的幸福更是儿孙辈的榜样（2006 年 10 月摄于北京颐和园）

自己近乎吝啬与苛刻，可对别人却一生慷慨。从我有记忆以来，只要家里有什么新鲜的吃食，她是非送给左邻右舍不可的。如果家人阻止，她偷偷摸摸也要送出去。每当我们因为这个责备她，她都会回敬我们一句："吃独食，不落肚！"还有一句："关起门来吃好东西有罪！"小时候我不止一次地跟母亲起过争执，怪她爱别人胜过爱自己的亲人，不止一次地抱怨："自家这么穷，您怎么还老往外送啊！"每次母亲都会用同一句话来批评我："你这孩子！人家不也时常送东西给我们吗？做人要记得'受人滴水之恩，当以涌泉相报'啊！"母亲一生，在知恩图报上有种近乎苛刻的执着。无论我们怎样用"新社会新观念"去启发她，甚至批判她，她都是我行我素，顽强地恪守自己内心的做人原则毫不动摇。这是我母亲一生能坚持克己复礼的内在动力。

母亲一生的克己复礼，让她在晚年收获了令人羡慕的福德。尽管20年前就被专家判了"瘫痪在床，痛病终老"，可她硬是我行我素、悄无声息地让专家的判决只定格在病历本上。她不仅没有瘫痪在床上，而且80多岁还能下地干农活，直到去世前夕，生活一直自理，以至于医学专家都不得不叹服："张素兰老人创造了医学上的奇迹！"母亲晚年儿孙满堂，个个孝顺。她不仅收获了我父亲对她老而弥笃的爱情和我们家族42口人对她发自内心的爱敬，而且收获了左邻右舍、乡里乡亲以及我在城里不少朋友的敬重。

2006年10月，我应北京一位朋友的邀请，带双亲到北京看病。在朋友家住了五天，本是打扰他们，可是离别之际，朋友的一句话却让我深受震撼。他说："新文，你妈妈真是太好了！要是你妈是我妈就好了！"朋友的这句发自肺腑的话让我思考了六年。是什么让母亲无论在哪都让人如此赞叹呢？论知识，我是博士而母亲是文盲，为什么我"有心栽花花不开"的人际关系，母亲却总是"无心插柳柳成荫"呢？直到2012年母亲节前夕，我才找到比较满意的答案。那天，我偶翻《孟子》，其中一句话引起了我强烈的共鸣——"爱人者人恒爱之，敬人者人恒敬之。"这不就是我母亲一生的写照吗？母亲一生对他人的爱和敬，绝不是口头上的，而是真心实意的。她不光对长辈是这样，对同辈是这样，对晚辈也是这样，甚至对动物依然这样。一言以蔽之曰"毋不敬"！

　　母亲不识字，没有文化，可凭着"爱""敬"两种情感、两种德行，收获了纯朴而安宁的人生。母亲的一生看似很苦，实则比我们许多看似幸福的人幸福得多。至少在我的心目中是如此。母亲"克己复礼"的一生，非常值得我学习和传承。母亲一生的实践让我坚信："爱""敬"二字，是人类文明的精髓，是人类教育的灵魂，是解决人类一切争端的根本出路。舍此别求，不是自欺欺人，便是肤浅的侥幸。

根植于我心中的家风家教

王奎龙

　　我出生在非常普通的农民家庭，母亲是文盲，父亲读过旧时的初小，家里谈不上有什么成文的家教家训，有的只是长辈对晚辈的言传身教，生活中点点滴滴潜移默化的影响。父母的为人处世对我成长过程的影响以及我认为值得保持和传承下去的一些道理和做法，也算是一种家风家教吧。

吃苦耐劳

　　吃苦耐劳是中国劳动人民的标志，也是中华民族的传统美德。在我的印象里，父母总是处于忙碌的状态。以前有生产队的时候，他们白天在生产队里干活，收工后，再抽空打理自留地，种一些经济作物。特别是母亲，忙完地里的活，晚上还要操持家务。尤其是夏天农忙"双抢"季节，白天干活一身泥一身汗，家里每天都有一大堆衣服要洗，还有其他杂七杂八的家务活，往往家里操持完毕，总要到晚上九点十点钟，第二天早上可能天不亮又要出早工了。母亲总是辛勤劳作，没有怨言。而我的父亲，不管是春夏秋冬，永远是最早起床的，从来没有睡懒觉一说，每天都是早早地起来，把一家的早饭做好，然后下地干早活。即使到现在，父母都已经80多岁，依然闲不下来。父亲依然会每天下地干活，种点小菜什么的。而母亲虽然已经不下地干活，但一空下来，总会收拾这儿，收拾那儿的，再有空闲时间，又会去拿些手工活干（老家义乌，小商品加工手工活还是很多的），有时晚上还会干得很迟，说老板要求赶活。我们子女总是说："你又不愁吃穿，还做那些干什么？"但她经常说的一句话是："闲着也是闲着，反正力气也是攒不起来的。"就是这样一句朴实的话，支撑他们一辈子勤勤恳恳地劳作着。

父母的勤劳也深深地影响着我们子女，我们也早早地学会了分担家里的家务活。7岁左右，我就学会了帮家里干洗碗、做饭、扫地等力所能及的家务活。从11岁起，每年暑假都跟着大人到生产队里劳动，赚工分。到读初中，我基本上学会了干各种农活。我读高中时，实行了"分田到户的承包责任制"，一直到大学毕业分配到学校工作后好几年，每年暑假我依然会回家帮着父母下地干活。父母的勤劳一直影响着我，使我学会了做事不偷懒、不怕苦、不怕累。不管是工作、学习，还是做家务活，我都会认认真真地去做。

节俭持家

节俭，不浪费一直是父母辈们的生活习惯。20 世纪 70 年代，物质还比较匮乏，加上家里条件不太好，粮食还要卖掉一些换钱，所以口粮往往不够，但母亲会想尽一切办法让大家吃饱，吃得好一点。她会根据不同的季节，摘一些植物的茎叶做菜吃，比如芝麻叶、地瓜茎、马兰头、荠菜、苋菜，还会用有限的食材做出不同的口味来。比如白萝卜，她会加工成萝卜片干、萝卜丝干；萝卜干，还分为生晒的和蒸煮后再晒的，非常好吃；每年还会晒一些芥菜、霉干菜，晒制豆瓣酱、洗晒地瓜粉等；到了夏天，还会自己做一些甜酒酿，也会用地瓜粉做一些豆腐。地里每年应季种一些瓜果蔬菜。粮食不够，会经常掺一些杂粮吃，比如地瓜、玉米、胡萝卜。她经常会在饭里蒸上一些，但更多的时候是她自己吃这些，而给我们吃的却是米饭。另外，为了补贴家用，妈妈还会养羊、猪、鸡、鸭、兔等。所以，从小我就帮着家里放羊、喂兔子、拔猪草等。虽然那时经济条件不好，但通过养这些换一些钱，每到年底都能给全家做几身新衣服，也能给我们准备好读书的钱。在我母亲井井有条的操持下，全家从来没有觉得生活有多苦。但我们兄弟姐妹知道粮食来之不易，自觉养成节俭、不浪费的习惯。即使现在条件比以前好了，我们依然保持着节俭持家之风。生活上，做到够用就好，不铺张浪费。

尊老爱幼

我们从小受到的教育就是对长辈要尊重，碰到长辈一定要有礼貌地打招呼。对家里的哥哥、姐姐不能直接叫名字。在我的印象里，父母对长辈也都是尊敬有加。我母亲与奶奶一直和睦相处，从来没有过争吵，或者背后说些不满的话。小时候，家里开饭，一定要等父亲干活回来，再饿也不行。干饭是留给父亲吃的，因为他在地里要干体力活，我们一般吃一些杂粮。因此，我们家里一直保持一个习惯，等人齐了才开饭，要是谁下班或者有事晚了，能等的一定要等，这样才有一种家的感觉。

从小父母就要求我们大的不能欺负小的，长的要照顾幼的。他们自己对待小孩也很宽容，除了礼貌等必需的规矩外，没有太多的条条框框束缚我们。母亲对待小孩也是非常爱护，带小孩自有一套，我的孩子以及我姐姐和妹妹的孩子小时候都叫我母亲带过，都养得壮壮的。小孩们到放假很喜欢到他们那里，对他们也很尊敬。比如大外甥已经工作了，经常会给他们买一些东西，很懂得孝敬。老人生病住院了，孩子们都想到医院去看望。我想，尊老与爱幼是相辅相成的。

与人为善

父亲16岁时，爷爷就病故了。父亲作为长子，就担负起了家庭的重担。一家四口，相依为命，共同成长，因此父亲兄妹三人之间的关系非常融洽，长幼有序和邻里之间的关系也都非常和睦。我听父亲说过，爷爷以前就教育他们人与人之间不要斤斤计较，要"与人为善"。在长辈的影响下，我们表兄妹、堂兄妹之间的关系也非常融洽，每年大年初一，大家都会在我家里相聚。父母不但对家人不斤斤计较，对外也是以诚待人，因此，非常受大家尊重。

受父母的影响，我们与他人交往也总是以诚待人。对自己的小孩，我们自然也要求他们这样做。

敬重知识

我母亲是文盲，父亲虽识一些字，但文化水平也不高。然而，他们对待知识和文化人非常敬重。他们对我们的学习虽然没有过多的要求，但尊敬老师的要求是非常严苛的。虽然小时家里农活、家务活很多，但是如果我们在做作业，或者学校里有什么事情的话，父母是绝对不会叫我们去干活的。我母亲非常好学，看到人家做得好的，会非常虚心向人家学习、求教。我读中学前后，我母亲看到村里有个人种的黄金瓜相当不错，就向人家求教，怎么选种、怎么管理。后来她在自留地里种出了又脆又甜的黄金瓜，这不仅成为村里的佳话，也成为我们最为消暑的水果。现在想想也是一种美好的回忆。

我父亲话不多，更不会空洞地说教，但一直有看书学习的习惯。直到现在，他的床头总会放着各种各样的书。他对

145

知识的探求，潜移默化地影响着我。20 世纪 70 年代，我父亲一直在村里的农业科技队里当队长，那时他们会做一些相对简单的农业科技方面的试验，比如"蒸汽育秧"、新品种的试种、病虫害的防治、农药化肥的使用，以及后来的杂交水稻育种、新式农机用具的使用，等等。这些知识基本上都靠自学，他会买一些书在家里经常翻看。另外，我父亲的爷爷辈有人学过医，家里留下来不少古医书，我小时候经常看到父亲在睡前翻看那些医书。在育儿、日常保健方面，他经常会引用书上的一些知识。我从小就体会到，书本真是像个宝库一样的好东西，可以学到很多在其他地方学不到的知识。

在父母的影响下，勤劳、节俭、尊老爱幼、以诚待人、家庭和睦、尊重知识、尊重文化等成了家人共同遵守的价值观，并且也影响着我们下一代，这就是所谓的家风家教吧。

王奎龙家祖孙三代同学习

我所理解的家风家教

陈光乐

　　"家风"又称门风，指的是家庭或家族世代相传的风尚、生活作风，是家族成员树立的价值准则。"家教"是指家庭内部家长对子女的言传身教，家长通过自己的善言善行来教给子女做人做事的道理。好的家教对于子女的一生能产生重大影响，进而影响整个家族的门风并使其得以传承。

　　家风是价值观文化的积淀，家教是良好家风形成的必要途径。然而现实当中有时候也会遇到"有心栽花花不开，无心插柳柳成荫"的情况。其实我们只要做事情就难免有成功与失败，我们所做的努力仅仅是增加成功的可能性，减少失败的可能性，当然还有一种就是自我认可的"平淡"。每个人都很难预测自己的未来是什么样的，但有一点可以肯定，即视野和格局能引领你的未来。历史上非常有名的家训如《朱子家训》《颜氏家训》《曾国藩家训》，无不体现了"修身，齐家，治国，平天下"的大格局。我很喜欢曾文公家训里的话

"莫问收获，但问耕耘""大处着眼，小处着手"，还有诸葛亮临终前写给儿子的《诫子书》中的"非淡泊无以明志，非宁静无以致远"，无不体现出这些历史伟人的大视野。寒门也能出贵子，出才子，虽然他们可能缺少某些必要的物质条件，但他们的家庭中并不缺少核心文化——家风家教。

我出生在农村，父母没什么文化，兄弟姊妹众多。虽然生活艰难，但父母绝不放弃让我们读书的机会，他们朴素的理念就是读书才能明事理。我们为什么要上学，是因为知道要想掌握自己的未来就一定要读书，这样才有可能于家庭、社会有更多的担当。等我有了孩子后，我也把教育看成了家庭建设中最重要的环节。当然我现在要比父母拥有更多知识，对文化的理解更深刻。过去他们这一代人讲的是读不读书是将来穿草鞋和穿皮鞋的区别，而我们一再跟孩子强调，读好书是为了更好地承担责任和奉献。

大格局与小格局

我们现在开车特别喜欢用导航，实时观察路况，试想如果到了一个陌生地方你怎么判断走哪条路更便捷呢？对于家教，我们心中也需要有导航仪——那就是格局。诸葛亮说："淡泊以明志，宁静而致远。"曾国藩说："大处着眼小处着手。"大格局不会让你随大流而陷入无法自拔的黑洞，可以克服社会巨变给人带来的焦虑，从而有节奏地生活和学习。家庭不能用行政和企业等单位的方式进行管理，孩子不能像企业员工那样依规开除，也不能用营业额和产品报表的方法去核算孩子的考试成绩，遇到问题时一定要用沟通交流的方式解决。我们要把精力放在孩子的核心价值观和核心文化素养的培养上，因为这关系到人的发展，分数只是素养的部分体现。

榜样与传承

家庭教育中，家长是孩子人生的启蒙导师。论及家庭氛围和家长的示范效应，有些家长常常忘记了什么是自省。记得孩子还在读初中时，经常有家长询问班主任，孩子老是玩手机该怎么办？不带手机又怕放学后有急事不能联系，出现安全问题。班主任让我谈谈看法。家长会时我从口袋里拿出了我的"老人机"，在场的家长们顿时傻眼，又忽然明白了点什么。因为他们给孩子们买的是比自己使用的还智能的手机，而我的孩子使用的是与我一样的"老人机"，也就无从谈玩游戏了。这就是：要孩子做到的，家长必须先做到，否则是不公平的。

他律与自律

自由不是不受约束，没有约束就没有自由。自由并不意味着完全不受约束地行动，当然也不意味着随意行动。人不能选择遭遇什么，但人可以选择如何看待它。人的成长过程就是伴随着行为的约束和思想的自由的过程。培养孩子的自律性首先要树立孩子的底线意识，无规矩难成方圆。家长要以身作则，才能使孩子达到如梁晓声说的"无须提醒的自觉"。

讲到家风家教那一定要说培育孩子的阅读能力，因为一个不爱阅读的人很难有思考的能力，将来做事的时候难免随波逐流。当然"不积跬步，无以至千里；不积小流，无以成江海"，凡事还得从小处着手。尽管不同的家庭可能有千差万别，但仔细分析良好的家教家风可能还是有一定共性的。父母勤俭持家，注重孝道的优秀品质肯定会对孩子产生深远影响，我想这就是榜样的力量。

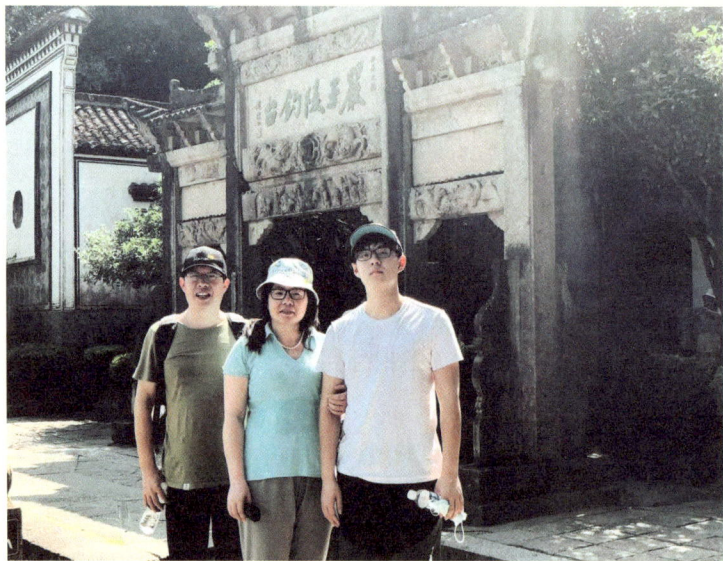

陈光乐与妻子、儿子在一起

亲爱的儿子：

　　你好！从幼儿园步入小学一学年以来，你成熟了不少，俨然是一个棒小伙子了。平时我们爷儿俩交流很多，但像今天这样写信正式交流还是大姑娘上轿——头一回。这里，我想把我作为父亲的人生经历和感悟与你分享，希望对你有所帮助。我的人生感悟基本可以概括为八个字，即勤奋、责任、诚实、乐观，给你起名龚诚乐，用意亦在此。

　　所谓勤奋，就是勤劳和奋发有为的意思。我认为是人的立身之本。作为一个农家子弟，我如何才能出人头地，如何才能在人生前进途中立于不败之地？我想，勤奋是立身之本。勤劳是中华民族的传统美德，中国有句古话，"业精于勤，荒于嬉"，讲的即是此道理。你的奶奶从小就教导我们要勤劳，他们自己也是非常勤劳的。当年我大学毕业后在中学教书五年，经过一年多的辛勤努力终于考取了浙江大学的硕士研究生。这一年正是我的本命年，当时我还自撰了一副对联表明心境：上联是"汗水初圆上华梦"，下联是"勤奋终见西子湖"，横批是"奋发图强"。正如上联所说的初圆梦，研究生毕业后在大学教书，时隔十多年后继续努力，考取了同济大学博士，才终于圆了博士梦。"宝剑锋从磨砺出，梅花香自苦寒来"，圆梦的过程就是勤奋的过程，这一个历程中每一步无不同勤奋紧密联系，每一点进步都是勤奋的结果。

责任是成就人生的基石，是完善自我、成就自我的翅膀。人生就是一次次地履行责任。我们活在世上，既要承担各种大大小小的责任，更要对自己的人生负责。讲责任不一定要挂在嘴上，而是要牢记于心。对于我来说，小时候的责任就是好好读书，不辜负父母的期待，同时照顾好两个妹妹；工作后的责任就是教书育人，好好培养学生；结婚后的责任就是孝顺父母，照顾家人。讲责任重在行动，体现在日常生活中的点点滴滴。虽然爸爸做得还不是很完美，有时还很固执，但是，可以负责任地说，还是做到了在单位是个负责任的老师，在家里是个负责任的丈夫、父亲、女婿和儿子。

诚实是人生的基本准则，是一切美德的基础，是为人立德的核心，也是做人的基本准则。人应该拥有一颗诚实之心。小时候我很淘气，经常和同村的小朋友一起去摘人家的橘子，你的奶奶就教育我们不要去摘别人家的东西，如果摘了要勇于承认错误，要诚实。从此之后，我一直秉承这样的原则：不说谎，讲诚信。虽然，在一生当中，我们或多或少会遭遇被欺骗的事情，但是，只要秉承这样一种诚实做人的准则，只要努力与人沟通，消除误会，相互理解，我相信，我们的人生道路一定会走得非常通畅。

乐观是人生健康发展的护航器。总结我的人生经历，虽然在学习、工作中没有遇到较大的困难和挫折，但是也免不了会遇到许多小的磕磕绊绊，而保持良好的心态是做好一切事情的重要支撑，也是战胜困难的有力武器。乐观意味着不要趴下，意味着不要被此拖累而深陷其中不能自拔，更意味着卧薪尝胆、奋发进取。虽然我从6岁开始读书，一直平稳升学，并且在那个升学率极低的年代，17岁就顺利考上大学。但之后也遇到了一些挫折，如当年我考研失败过一次，记得当时考的是东北师大；考博也经历过三次：第一次报考浙大时排名第二，但没被录取，应该说对我的打击很大，但是我以乐观的心态对之，继续努力；时隔三年后考复旦大学，又陪考了一次；时隔十年后再考同济大学，这一次经过充分的准备及乐观的心态和辛勤的努力，终于成功考取。可见，人生的道路并非一帆风顺，而是充满了荆棘、坎坷，如何重新站起来，关键在于保持积极、乐观、向上的心态。

亲爱的儿子，爸爸的感悟仅是自己人生中的体验，你可以比爸爸拥有更精彩的人生之路和更丰富的人生体验。汲取别人的经验将有助于自己少走弯路。今后的人生道路还很长，爸爸只想对你说：

你不一定要成为最优秀的人，但一定要成为最努力的人；你不一定要在意别人的目光，但一定要成为一个有责任心的人；你不一定要处处争第一，但一定要成为善良谦逊的人；你不一定要凡事追求尽善尽美，但一定要成为爱自己、爱他人、热爱生活的人！

亲爱的儿子，在你成长的道路上，爸爸妈妈愿意站在你身后，用心陪伴，做你最坚强的依靠和后盾。

希望你能把"勤奋、责任、诚实、乐观"这八个字铭于心、践于行、持于恒，在未来的道路中成长为最好的自己！

爸爸

2021 年 3 月

2020 年龚上华与儿子一起在高考考点安全区域做公益

做一个对社会有用的人

曹世华

　　我的父亲，出生于 20 世纪 50 年代。因我爷爷在南京工作，所以父亲小时候在南京生活了一段时间，也念过几年书。后来回到老家，因家庭生活困苦，他又是老大，所以很早就担当起家庭的重任。穷人的孩子早当家，父亲从小就懂得吃苦耐劳、热心助人。

　　20 世纪 60 年代末，还是人民公社的时候，父亲被村民推荐当了生产队队长。从此以后，父亲便一心扑在为生产队服务的事上了。每天很早起床去队里为社员们分配农活。等大伙儿全部干完回家了，他才拖着疲惫的身子回家。社员文化程度普遍较低，父亲由于读过几年书，便利用晚上休息时间担当扫盲班的老师，教社员认字，帮他们补习基础文化知识，以至于几十年后，村里还有很多人叫他曹老师。在担任生产队队长的时候，父亲从未因自己是村干部而谋任何私利，反而处处为社员着想，哪怕牺牲自己的工分和收入，也从不让一个社员吃亏。队里年终算账时，父亲一丝不苟，对于那些贪一己私利的干部和社员，父亲会坚决站出来指正，不让集体吃亏，因此也得罪了一些人。可父亲根本不在乎这些，他说只要人行得正，天地都不怕。

父亲对我和弟弟妹妹要求非常严格，生活中很多事情都要我们自己学着做，要我们从小自力更生。有一次我和小伙伴去邻居菜地里偷黄瓜吃，父亲知道后，狠狠地揍了我一顿，还领着我到邻居家道歉和赔偿。父亲常常让我和弟弟妹妹去帮村里的孤寡老人干活，还会邀请他们来家里吃饭、聊天。

我上学以后，父亲不会过多干预我学习，说得最多的就是"学习学习再学习，努力努力再努力，要不断超越自己"。而他自己平时也是通过读报、听广播等方式不断地更新知识、拓宽知识面。他还时常教导我们要虚心向他人学习，他说毛主席说过，骄傲使人落后，虚心使人进步。可以说，在成长的道路上父亲对我的影响非常大，他教我如何做人处事，要敢于同邪恶做斗争，要做一个对社会有贡献的人。

而今，父亲已到了退休年龄，该是享福的时候。但是他依然严格要求自己，并加入了中国共产党。由于国家推行新农村改革政策，村里很多建设方案需要和每位村民沟通，有很多烦琐细致的工作要做。考虑到父亲以前有生产队管理经验以及他在村里的威望，村委让我父亲去帮忙，父亲二话不说就答应了。每天走村串户，宣传政府的政策，为修建公路做村民的思想工作，为修建水利筹措资金，为低保户争取养老保险……父亲总是乐此不疲，毫无怨言。

　　父亲就是这样一个人，一个很平凡的农民，一直在用自己的方式为集体、为社会做着自己的贡献。

曹世华父亲
在田间劳作

我家的好家风

何颖俞

俗语说："国有国法，家有家规"，良好的家风就是一所好的学校，它通过日常生活影响着我们的心灵，是一种无言的教育。"家风是什么？"每个家庭都会有自己的回答。我家的家风并没有写出来挂在墙上，却反映在每个人的日常生活及学习当中。我们力图用行动去践行它，即做任何事情都要用心去做。"认真做事只是把事情做对，用心做事才能把事情做好"，这是挂在家人嘴边的口头禅。

我的父母是20世纪五六十年代支援新疆的知识青年，他们积极响应国家的号召，投入到边疆的建设中去。现在每每听到他们谈起当时的情形，都可以感觉到那种困难与艰险。新疆的风沙很大，刮起风来，即使面对面也看不清楚；路很难走，即使坐车也是在戈壁滩上颠簸，江南的人过去都会晕车，不过晕着晕着也就不晕了；更不用说各种生活习惯上的不同。就是在这种环境下，他们用心做着每一项工作：

从炊事员、记账员到出纳、会计，每一项工作都用心去学、用心去做。正是靠着这种做事的态度，我们家的生活越过越好。

1998 年我也走上了工作岗位，来到了杭州师范学院，当了一名普普通通的大学老师。在这期间，我也将"兢兢业业用心做事"作为我的座右铭。在教学中，始终做到备好每一次课、上好每一堂课、批好每一份作业，保持严谨的教风。努力改变传统的教学模式，注重教学反思，不断总结教学经验，提高教学水平。教书育人是教师的双重责任，教学既是科学也是艺术，它的艺术魅力在于教师在教学过程中用自己的人格魅力去影响学生，点燃学生学习科学、热爱生活的火苗。要坚持不但教书更要育人的目标，根据学生专业的不同，结合专业课的教学，在传授学生业务知识的同时，也把正确的思维方法和治学态度传授给他们。这样的态度得到了学生的好评。

同时我还积极参加大学生学科竞赛辅导工作。作为数学建模团队的主要成员，我指导学生取得了很好的成绩。在此期间，我不计报酬，每周指导辅导学生读取数模的论文，为同学们做"全国高教社杯"数学建模竞赛的赛前培训。每年的八月，正是一年中最热的时候，我始终坚守在自己的岗位上，指导学生专题研讨，模拟演练。我指导的学生曾获"全国高教社杯"数学建模竞赛全国一等奖 1 项、二等奖 4 项，浙江省一等奖 1 项、三等奖 6 项。与此同时，我认真组织学生积极参与美国大学生数学建模竞赛，寒假期间与学生共同讨论题目的解决方案、英文论文的撰写，学生也取得了优异的成果，共获得 Meritorious Winner 奖项 2 项，Honorable Mentions 奖项 5 项。

良好的家风影响着我，让我树立了良好的做人做事的态度，这样的家风是我们家最宝贵的精神财富。作为家庭一员，我应当成为良好家风的传承者、发扬者，使良好家风继续传承下去！

何颖俞与母亲

据《萧山来氏家谱》的世系记载，来姓，出自古代舜帝的后代遏父，属于以封邑名称为氏。南宋嘉泰二年（1202），来氏始祖先来廷绍从河南迁居萧山，出任绍兴府事。经过千年繁衍，来氏家族以长河为渊源，日益发展，明中叶以后，号称"两浙巨族"。每逢朝考，录取总额占全额 1/6，素有"无来不出榜"的传说。来氏名人众多，自古忠孝勤勉，恭行孝悌的家风代代相沿，陶然后辈。

我自幼遵循来氏家训——"勤俭持家，长幼有序"。立身处世、持家治业，记忆最为深刻的也就是父母言传身教的这条朴实至简的家训。

40 多年，雷打不动的"大年初二"

百善孝为先，自打记事起，每到大年初二的早上，父母就会早早地带着穿好新衣的我拎着满满的年礼去舅舅家"拜大年"。所谓"无舅不成席",中国人对"舅舅"的重视,远高于家族其他长辈。来氏家族里的老老小小也不约而至地在每年大年初二,团团圆圆地相聚在舅舅家,40多年来风雨不改,就算再忙也从未间断。

小时候,父母带着我去给舅舅拜年,小孩们得双膝下跪,郑重地磕头向长辈拜年表示尊重,说完拜年的贺词,欢欢喜喜双手高举过头顶,接过压岁红包。而现在,我和夫人年年带着儿子去给我舅舅拜年,虽然磕头的习俗已经淡化,但是小辈对长辈的尊重和关心从未减少。

来氏家族餐桌上的礼仪,更加体现着来氏"长幼有序"的家训。餐桌上的家训,几十年来至今丝毫未减,是来家人祖祖辈辈习以为常的惯例:开席前小辈要主动摆好碗筷,要恭请长辈一一先入席上座,各人座位也按辈排序,固定不可乱坐;要等长辈先动筷,小辈才能用餐;吃要有吃相,坐要有坐姿,举筷夹菜不能挑拣,不能随意走动离席不归……这些吃饭的礼仪和场景,在每一个年初二伴着浓浓年味和仪式感,深深地印刻在我们每一个来家人的记忆里,内化到各家各自的生活中。

"定制"来氏旅行团,圆母亲们一个"首都梦"

北京,是父辈们精神上最牵挂和向往的地方;去北京天安门看庄严的升旗仪式,到纪念堂瞻仰伟大领袖毛主席,是老一辈人内心最热血沸腾的梦想。我的母亲年纪大了,身体又不好,市面上普通的旅行线路对我们来说都不合适。虽然我从来没张罗过旅游，自己可能会累一点，但我还是想好好地、尽自己最大可能为母亲们安排一次让她们满意、记忆深刻的北京游。记得那时，连续两个周末，我努力挤出时间，张罗来氏家族的 10 个妈妈一起去首都，为她们量身定制了一个北京旅行团。组团出游确实不易，从给来氏的长辈们一个个打电话，征集"团员"，到找齐她们"开会"讨论行程，征求旅游景点、确定宾馆住宿、安排用餐地点、规划游览线路，都得事无巨细、安排妥当。但看着她们欣喜出行，满意平安归来，我心里也欣慰无比。

病床边"四天三夜、一刻不离"的守护

有一次，我母亲动手术住院，虽然不算大手术，但看到母亲躺在病床上，身上布满仪器，我的心里真不是滋味。那时正逢小长假，我就想好好尽孝，四天三夜一刻不离，守在母亲病床边照料。妻子和妹妹都劝我歇一歇，她们能安排时间跟我换班轮流陪护，但我还是拒绝了。平时工作太忙，陪母亲的时间实在太少，难得遇上放假，有时间尽孝，就一定要不留遗憾。功夫不负有心人，看着儿子整天陪在身旁，母亲多了一份安心，身体也很快恢复了。

母亲的丝袜和儿子的围巾

我小时候家里并不富裕，父母亲每天工作很忙很辛苦。母亲总是挑起扁担干活，勤俭持家，很少打扮。对于他们的

辛劳，我都看在眼里，记在心里。高二的期末，班级退还了4元钱班费，在物质并不宽裕的20世纪90年代，4元钱对于一个学生也算是"巨款"了。同学们都拿着钱去买好吃的，我握着钱，一口气跑进百货商店，买了一双长筒丝袜，兴高采烈地回家送给母亲，想让她也漂亮地打扮一回。母亲收到这份礼物，很欣慰，激动得直抹眼泪，这双丝袜也一直被她保存珍藏着。事情虽然过去多年，但母亲一直记着，每次念叨起来都是满脸幸福。

父母孝敬长辈，孩子自然耳濡目染。20多年后，有一次我过生日时也惊喜地收到了儿子用攒了一个学期的零花钱买的羊毛围巾。儿子为我戴上，给了我一个大大的拥抱，那一瞬间，作为大男人的我也感动极了。想起往事，一幕幕浮现，"丝袜和围巾"其实代表的都是对父母辛勤养育的感激感恩，只是通过礼物的方式，有仪式感地表达出来。我想这就是言传身教的作用，也是每一个来家人最基本的、应该一代

来国灿送母亲的丝袜　　　　　　儿子送来国灿的围巾

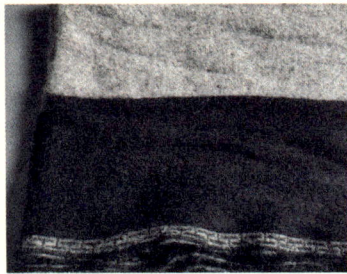

代传承下去的孝道。

家风家教是一个家庭或家族最为重要的、无以替代的精神财富，弥漫于整个家庭或家族之中，惠泽于家族的成员，更支撑着整个民族的繁衍和进步。萧山长河"来氏家族"的良好家风，伴随着家族的繁衍，一代代心口相传，影响了一代又一代的来家儿女，推动着家族繁荣向前、生生不息，也助力伟大"中国梦"的实现。

我的家风家教故事

丁同俊

我国有着悠久的文明，而且中华文明是世界上唯一一个没有中断的文明。"仁义礼智信"这样的思想深深地镌刻在每一个中华儿女的内心，良好的家风在培养人们知理明事的品格时起到了极其重要的作用。家庭是社会的缩影，良好的家风会对社会产生积极影响。

一袋胡萝卜种子救活全村人

爷爷是一个地地道道的农民，出生于1919年。他体验过人世的艰难，十分珍惜今天我们这来之不易的新生活。在我的记忆中，童年时期有着爷孙幸福的天伦之乐。爷爷虽不识字，却是一位极其明事理而乐于助人的长者，在方圆数十里深受乡人们的敬重。

听乡亲们说，在粮食匮乏的年代，在一个下着滂沱大雨的傍晚，乡亲们都收起农具回家，只有爷爷一个人坚持在地里播撒胡萝卜种子。后来胡萝卜长势很好，乡亲们说幸亏我爷爷的坚持救活了全村人的性命。因为那一年，由于天灾人祸，粮食歉收，爷爷种的胡萝卜成为全村人缺粮时的最主要食物。至今说起这件事，大家仍然十分感激爷爷那份执着与坚持。1987 年 7 月爷爷病逝，数百人来为爷爷送最后一程。从那一刻起，我明白了一个道理，做一个为他人活着的人，无论生前还是生后都会得到人们的尊重。

一把米的教育

人民公社时期，一切都是计划经济时代，且物质十分匮乏，粮食都是按照人口多少发放，尽管如此，人们还是经常吃不饱肚子。当时我爷爷是村中的生产队队长，队里有一袋大米放在我们家中，白天大人们下地干活，我的小叔当时只是一个七八岁的孩子，由于饥饿难忍，就偷偷地从米袋中抓了一把米放在嘴里。后来这件事被队里做饭的炊事员察觉了，询问所有人，大家都说没有动过大米之后，我爷爷就把小叔叫到身边，让小叔漱口，结果漱出了米粒。当时爷爷十分气愤地给了小叔一记耳光，说：做人要堂堂正正，即使在最困苦时也不要丢弃做人的尊严。当我听爷爷讲起这个故事的时候，我的内心极不平静，眼里含着泪水，不仅为我小叔那一记耳光而心疼，而且我在心灵深处暗暗发誓，将来一定做一个堂堂正正的人。

父爱的传递

我的父亲是一位老共产党员，1941 年出生，22 岁那年加入了中国共产党。出生于解放前，成长于新中国的他经历了许多在他那个时代所有人都要经历的事情，例如，知识分子上山下乡、生产大跃进、"文化大革命"、四清运动、责任田包干到户、改革开放，等等。作为一个知识分子，他经历了从农村到城市，再从城市到农村的曲折人生轨迹。作为一名共产党员，他也经历了一次次社会变革。但是，他从未忘记爷爷对他的教育，做一个堂堂正正的男儿，做一个有担当的爱国爱家之人。

父亲的肩膀

父亲出生于农村，家境贫寒，在爷爷的坚持下读书认字，并且受过高等教育。他的第一份工作就是在蚌埠市中国人民银行任职，在那里结识了我母亲，在下放前一天晚上与我母亲举办了婚礼。那天晚上，全银行的领导和职工见证了这对新人的幸福时刻。这既是一场婚礼，也是一场送别仪式。

父亲和母亲都没有种过田，从城市到农村心里难免产生了强烈的反差。村里许多人，尤其是曾经认为读书无用而反对爷爷让父亲读书的那些人，都在看着这对从城市里回来的青年能否把地种好。父亲在跟我说这件事的时候，我似乎能想象到别人等着看笑话的眼神。于是，我的父亲与母亲就暗暗下定决心，不仅要把地种好，而且将来也要把孩子教育好。

记忆中，儿时的我经常爬到父亲的背上玩耍，尤其在夏日，父亲肩膀上的一道道疤痕给我留下了深刻印象。自从责任田到户后，父亲在公社做会计，母亲在小学当教师，家里还有十几亩农田，要养活四个孩子，这份担子不轻啊！在这种情况下爷爷奶奶义无反顾地来到父母身边帮忙，这一帮就是几十年。所以，我们和爷爷奶奶有着十分深厚的感情。但是，爷爷奶奶年事已高，所有的重担还是都落在父亲一个人的肩上。就这样，父亲一边在公社上班，一边务农。有时候农活赶不及，为了加紧进度，他一个人要挑两百斤的担子走很远的路，肩膀被扁担磨出了一道道血痕。即使如此，他也咬着牙挺直了腰板，因为他知道背后有人在看着他。旧的伤刚结了疤，新的血印又不断磨出，对于父亲来说这是一种常态。当时，许多亲戚和乡亲都说，家里四个孩子，就让孩子不要读书来帮忙种地，这样负担会轻许多。但是，父亲和母亲都十分坚定地认为，自己吃了这么多苦，只希望今后孩子们少吃这样的苦，读书才有更好的出路。可以说，我们兄妹四个人的今天是父亲的勤劳，是母亲的贤良，以及几代人努力的结果。

女儿的琴声

如今，我已为人父，有了自己可爱的女儿。我经常给女儿讲过去的事情，让她知道今天的幸福来之不易，让她知晓应该怎么样做一个堂堂正正而有担当的人。

从女儿懂事起，我便成为她的钢琴启蒙老师。现在，她已经是小学五年级的学生，我们这种父女与师生情依然十分亲密而和谐。弹钢琴需要每天刻苦训练，每每在她想打退堂鼓的时候，我就会耐心地教育她做事应该坚持，美好的生活是需要自己的双手去努力创造的。

记得去年6月份，临近期末，女儿突然肚子痛，去医院简单开了一些药，继续到学校上课，最终顺利通过考试，优秀的成绩和表现得到了老师和同学们的认可，获得了"三好学生"的称号。就在学期的最后一天，因为肚子实在痛得厉害，我们立即带着她去省儿保检查，确诊是急性阑尾炎，需要做手术，住院二十天。在医院里，她仍然保持着一种积极乐观的精神，反而不断安慰着我们大人，而且和她的病友们打成一片，关心着与她一同住院的小朋友，给小朋友讲故事，拉着小朋友一起去散步，有了好吃的会很开心地与他人分享。出院那天，还有几个小病友特意赶到病房来看她。

出院之后，我们立即进入钢琴考级强化训练模式，每天练习六七个小时，累了就在沙发上躺一会儿，休息好了就接着继续练琴。遇到连续八度的弹奏或复杂的指法，她都能够静下心来慢慢地一遍遍地练习。经过刻苦努力，钢琴八级顺利过关。后来，我对女儿说，虽然这次生病，你却拿到了三好学生和钢琴八级证书，将来我不再为你的学习与心理状态而担心了。听了我的话，女儿莞尔一笑。

听着女儿悠扬的琴声，我仿佛懂得了"父爱如山"这句话的力量。从我的家庭一代代"爱"的传递中，我深深懂得了"家风"的价值和意义。爱是构成家风的核心主题，是父亲宽广的肩膀，也是母亲谆谆的教诲；爱是爷爷那记响亮的耳光，也是奶奶慈祥的目光；爱是一份温暖，更是一份责任与担当。家庭中的爱就像阳光雨露一般，无须豪言壮语，却无时无刻不在滋润着我们的灵魂，一代代，一辈辈，就这样流进我们的心田。

一个支援海岛建设家庭的情怀

冯涯

　　家风是一种道德力量。有的家风可能是有据可依的古法门规，有的可能是口口相传的人生哲理。于我而言，家风却是父母亲的言传身教，是他们渗透在我成长经历中的点点滴滴，是支边家庭特殊的生活。

　　我父母一直是我前进的目标与榜样，他们对我的影响是深刻而悄无声息的。父母亲均生于杭州，从杭州医学院校毕业后响应国家的号召申请支边，志愿支援建设海岛，踏上了那时地域偏远的海岛——舟山群岛。原本留在杭州可以拥有更好的工作环境和更高的生活质量，但他们却毅然决然地离开自己的父母和兄弟姐妹去了当时尚未开发、条件极其落后的海岛。回忆起当时的选择，父亲说："作为一名青年学生，而且我又是学生干部，响应党和国家的号召是极其自然的。在很多青年人心目中支边是神圣和崇高的事业，我至今仍记得申请报名时的热情澎湃和前往海岛路上的昂扬激情。当时我还坚决要求去最偏远、最艰苦的地方——岱山。"那时海岛人口不少，但缺电缺水，传染病频发。在支边的日子里，海岛落后的医疗条件和艰苦的生活环境，注定了那份必然的艰辛。幸运的是，爸爸在海岛遇到了与他志同道合，同样为建设海岛从杭州到舟山支边的人生伴侣——我的母亲。

自记事起，我印象最深的便是天未破晓时，父母离开家那模糊的背影与半夜里翻身醒来看到的他们疲惫的模样。当时我们家在一个医院的大院里，大院里还住着不少同样情况的家庭，家长们都起早贪黑地工作着。幼时的我单纯地认为他们工作繁忙，现在想来，那是多么的艰辛、不易。我们大院里的孩子们的成长更多依靠的是哥哥姐姐的帮带，父母基本无暇顾及。我清晰地记得，自己在玩耍时不小心摔跤磕破头，血流如注，当时父母都在为病人做手术，仅仅简单地叫人向我姐姐交代了一句"先把血止住就好"。那时我很不高兴，而现在我终于深刻体会到了父母那时"舍小家，为大家"的境界。直到现在我仍清晰地记得，父母走在大街上，总会有很多人热情地和他们打招呼，一些父老乡亲总会带些土产来感谢他们。而我和姐姐在学校、在大院总会得到很好的关照，因为我们是冯医生、王医生的孩子。

因为工作需要，父亲从一线转到了管理岗位，放下了多年来与之相伴的手术刀，满怀激情地投入卫生局局长的工作中。如何改变基层医疗工作的种种现状，让海岛人民享有更好的医疗服务成为他"寤寐求之"的课题。在他及他带领的团队和岱山广大干部群众的共同努力下，岱山县连续被评为"全国初级卫生保健和全国农村卫生工作先进单位"等荣誉称号。同样，母亲在自己的岗位上兢兢业业，业务出类拔萃，曾获得省级、市级多项荣誉。

我大学毕业前夕，父亲突然很郑重地跟我谈了一次话，要求已在上海找到工作的我回到杭州工作。谈及其中原因，他说自己支边最歉疚的就是没能照顾我的祖父，没有与兄弟姐妹们一起，希望我能够在杭州代他尽些孝道。我当时说："你们早就可以申请回杭州啊。"父亲说："海岛需要我们，我和你妈妈就扎根海岛吧，海岛就是我们的家！"最后我遵从了父亲的要求，回到了杭州工作。

我明白，这就是父母那代人的信仰，是属于那代无数取名"建国""国庆"的年轻人的家国情怀。澎湃昂扬的激情永远属于跟随新中国成长起来的那代年轻人——现在的老人们。在他们心里，党和祖国的召唤就是他们永不停歇的脚

冯涯父亲担任院长期间，医院荣获舟山市第一个省级文明医院光荣称号，这是冯涯父亲与省、市卫生厅局领导在文明医院匾牌下合影

步；在他们眼里，个人和家庭都是国家的。"国即是家""国家面前无我"，我们这样一个普通支边家庭正是那个时代的家风缩影。看到《我和我的祖国》《我和我的家乡》等影片中一个个家庭与祖国同呼吸共命运，一个个普通人物在祖国发展的洪流中激流搏击，汇聚起多么壮阔的时代篇章，我忍不住感慨，父母辈的家国情怀、他们的坚定信仰永远是我们的精神食粮。

在父母的潜移默化、家庭环境的影响下，我也成了一名共产党员，并成为高校教育系统的工作者。父母以救死扶伤为己任，我以育人成才为理想。在我的 20 多年工作经历中，磨砺的背后是父母的支持，成就的背后是父母的激励。时代的步伐永不停息，祖国的发展蒸蒸日上，我们已是新时代的中流砥柱，父辈们的家国情怀将永远激励我们做好工作。

怀念父亲

孙德芳

　　每每看到儿子就回想起我的父亲。儿子一岁的时候，父亲永远地离开了这个世界，至今已有十个年头。但是，对我而言，父亲就在心头，就在那遥远的家乡陪着年迈的母亲和他朝思暮想的亲人，一刻也没有离开……九月是父亲的生日，每到这个时刻，身在异乡的我便更多一份"遥知兄弟登高处，遍插茱萸少一人"的思念。父亲是一位地地道道的农民，但在我的心目中他永远是那么伟大。时间虽然渐渐远去，但我对父亲的思念却越发强烈。

　　记得儿时堂屋中挂着一幅字，上面写着严子陵《论人情》中的"自勤自俭自生涯，免得在人面前眉高眼下"这句话。这幅字是父亲给我上的第一课。我出生在一个大家庭，有三个哥哥、三个姐姐，我排行老小。母亲是大家闺秀，嫁给父亲时才 16 岁，家里的一切重担就落在父亲一个人身上。父亲常常对我们说，分家的时候他只分到一间房，一切事情都

176

要靠自己。父亲是个多面手，是村里远近有名的木匠、泥瓦匠。

那时十里八村，只要结婚要做嫁妆或盖房子，甚至老人去世做棺材，都少不了父亲的身影，更不说我们自己的桌椅板凳床铺了。我很小的时候就学会了木雕，我们老家茶几上安盖的祥龙至今都是我吹牛的资本。在那个年代，亲朋好友间都是义务帮忙，没有金钱往来，有的只是和谐的邻里、纯真的情谊和单纯的快乐。

父亲没有太大学问，却教给我做人的大格局和公而忘私的微道理。父亲兄弟四个，由于家庭条件不好，大伯和三伯读书，二伯和父亲干活养家。尽管没有上学，他却没有埋怨。父亲说他哥哥上"洋学"时他站在教室外听，字不认识几个，却会背诵《百家姓》。父亲的记忆力惊人，心算能力极强。他在生产队当了十年的保管会计，全凭脑子记，没有出过一次差错。后来有一次队长说他弄错了，父亲感觉非常委屈，气愤地说："我不可能占公家的便宜！"就辞去了会计的工作。只记得小时候，只要哪家买卖东西都会叫上父亲，几斤几两该几元几角几分，父亲张口就来，好像只有父亲在场乡亲们才会感觉踏实。父亲当耕地组长，母亲当过妇女队长，为村里干活，他们起早贪黑，顾不了家，父亲常常为此自责。大伯被划为"右派"，三伯英年早逝，家里剩下一群年幼的孩子。每到农忙抢收抢种的时刻，父亲都会先帮他们家弄好，然后才干自己家的活，甚至堂姐结婚生孩子后，父亲还派我们兄妹去帮忙干活。堂姐堂哥们也很感激，逢年过节都来看望母亲，给父亲上坟。

父亲因自己没有上过学便对我们兄弟姊妹的教育格外的重视。为了让我受到良好的教育，小学三年级时，我便被送到隔壁的安徽读书。当时贪玩的我不知其用意，还牢骚满腹，后来才知道"孟母三迁"的道理。没有父亲的远见和支持，中师毕业的我最多只是一个乡村教师，不会再读大专、本科、硕士、博士甚至博士后，也不会辗转淮阳、周口、郑州、桂林、四平、北京、上海、杭州八大城市求学与工作。遗憾的是，2008年，还没等我在杭州安稳下来，父亲就离我而去了。每每想到此，思念的泪水就会默默地涌出。现在我们家已有好几位研究生、好几位大学生，也算是对九泉之下父亲的慰藉吧。我相信"小的伟大"，要像父亲那样"自勤自俭自生涯"立身立命，像父亲那样"先人后己"克己奉公，像父亲那样"崇学向善"教育子女，像父亲一样做一个称职的父亲、一个平凡而又不平凡的父亲……

背负起每个人的责任

王唯

暑假里回嘉兴老家看望我的外婆——一个 93 岁高龄依然独自居住的老人，一个经历了胯骨骨折完全倒下又重新站起来的不足 70 斤的老人。在熟悉的房间里，她一路摸着凳子、桌子，从冰箱里拿出给我的儿子——她的曾外孙准备的"八喜"冰激凌；又从床头摸出一个用水笔写了"宝贝快乐"的红包。她早就有严重的青光眼，只能看到模糊的轮廓，可是红包上的字迹依然清秀挺拔。她说："谢谢你们来看我！大家都对我这么好！现在日子真是好，我要坚强地活下去，多活一天也好！"

真的不得不佩服我的外婆。外公离世的 10 多年里，她一个人生活，从 81 岁到 92 岁。2017 年 1 月，92 岁的她在家里摔了一跤，胯骨骨折。医生说要手术，她十分坚定："不手术，回家！"于是三个女儿，72 岁的大姨、70 岁的母亲、66 岁的小姨，开始 24 小时的陪护。忍受着伤口的疼痛和无法自理的痛苦，老人做了一个惊人的决定：停止一切常用药物（包括高血压药等）。她不想拖累几个女儿，想自然地离开。决定一旦做出，哪怕是与她最亲近的小女儿也无法说服她继续服药。然而，在三个女儿的悉心照料下，一个月、两个月，骨折居然慢慢好转，停服常用药居然也没有产生特别严重的不良反应。从吃喝拉撒完全在床上进行到慢慢能自己吃饭，继而能扶着东西坐起来……此时，老人又做了一个决定：把停服的药继续服起来。她对女儿们说："既然老天这么眷顾我，没让我离开，我就不能半死不活的，我得坚强起来，否则全瘫，脑子也傻掉，可苦了你们。"

半年以后，从全天陪护到白天陪护，又逐渐只需每人轮流陪半天。一年以后，老人提出只需隔天有一人来看一下，拿一点小菜去就行。老人又恢复到独自一人生活的状态，每天自己扶着桌椅慢慢挪步，自己热饭菜，自己洗漱，自己安排生活。

外婆说："这一次我倒下，三个女儿对我那么好！大女儿72岁，骑着电瓶车来来去去，擦屎端尿不嫌弃；二女儿70岁，自己动过三次手术身体不好，坚持自己的班自己值，累得在回家的路上摔得满脸是血，第二天照样坚持；三女儿腰椎间盘突出，还要照顾两个孙女，仍然风雨无阻，而且特别耐心、贴心，陪我说话。女婿们承担起各自的家务，还烧菜拿来给我吃。他们自己都是老人了啊……还有我那80多岁的弟弟从上海赶来看我，为了不打扰大家，自己带了两个粽子当中饭，只为陪我这个老姐聊上一个下午；还有读一年级、幼儿园小班的两个曾外孙女也坚持每个周末来看我，每次都给我画一张画……所以我要么干脆地走，要么就坚强地活下去，否则我这把老骨头就对不住大家了。"

　　外婆年轻时读过初中，早年眼睛好时喜欢看报，经常把读到的东西抄写下来，在生活中遇到困难和不快时，拿来安慰和鼓励自己；后来眼睛不好用了，就听广播。虽然年岁这么大了，但她仍然保持着清晰的思路。对子女、对晚辈的那种深沉的责任和爱，全部体现在了她的种种决定和举动中。在病中因为一点小事和直性子的大女儿拌了嘴闹得不愉快，她还自责地写了一封长长的道歉信。93岁，如此理智、清晰，如此有责任感，如此坚强地活着，是件多么不容易的事情！

　　独自居住，尽量靠自己，尽量不打扰子女，尽量过好自己的每一天，这是外婆的信念。女儿们也尊重老人的想法，到了93岁，依然能自由地在自己的家里独自一人生活，或

王唯和外婆在一起

许也是让老人自己和家人们都感到欣慰的事吧。当然，在需要的时候，她们依然会风雨无阻，依然会以一个女儿的身份，看护好自己的母亲。

感谢我的外婆和我的母亲、我的阿姨们，以及所有家里的每一份子。爱与责任永远是不可分离的，只有我们每个人都背负起自己的责任，每个人都学会自己坚强，才能让彼此相信、让彼此放心、让彼此感受到爱和喜悦。

王唯外婆与她的曾外孙女在一起

吃亏与幸福

王军芬

　　我们家是一个普通的家庭，我和丈夫虽然都在高校工作，但均来自农村，没有"高大上"的教育孩子的理念，只是觉得孩子以后能否达到别人眼中的"成功"并不是最重要的，学会做一个感恩明理、善良快乐的人，才是我们所推崇的。我们始终认为品质方面的教育比知识的灌输更重要。孩子要能感知被爱和享受被爱，同时要学会去爱别人。

　　记得女儿读初二的一个周末，西溪印象城举办"哆啦A梦"道具展，女儿和同学们相约去玩。听说展览要50元门票，女儿揣了自己平时攒下的零花钱就出发了。傍晚，女儿回家，兴高采烈地讲述她们途中的见闻。

　　"展览好看吗？"我随口问了一句。

　　"妈妈，其实我……没看展。"

　　"为什么？"我不禁疑惑。

　　"因为我们一开始先逛商场，去买票时，有个同学才发现不知什么时候把钱弄丢了，她很着急和难过。我就……把门票给她了。"她看着我，又赶紧补充解释道："妈妈，我其实也没那么喜欢这个展，可同学她盼这个展览好久了，如果看不到这个展，她会失望难过好久的。况且，我在外面也能看到一些展览的内容，她也把展厅里面送的小礼物送给我了……"

"那你不觉得吃亏吗？这门票可是两个半月的零花钱呢？"看她轻描淡写的样子，我故意试探她。

"不觉得啊！我和同学看展就是为了大家一起开心地玩。今天同学如愿以偿地看了展，很开心。而我呢，和同学们一起开开心心地玩了一天，而且拿到了礼物，也很愉快，我们都达到了目的，我并没有觉到吃亏。"

我不禁重新开始审视女儿——她不以世俗的眼光来衡量得失，对快乐有自己的理解与判断。反观我们大人自己，有时会被表象蒙蔽，未必比孩子看得明白。

现代家庭里孩子是"明珠"，捧在手里怕碎了，含在嘴里怕化了，家长们生怕孩子吃亏、受委屈。因此，一旦孩子在学校或者外面与人发生了矛盾冲突，大人首先关心的是"我家孩子有没有吃亏"，而不关注事情的始末，以及事件本身带给孩子的影响与孩子的想法。于是经常会出现家长怒气冲冲地赶到学校兴师问罪的场景，或是孩子之间吵架演变成家长打架的闹剧。孩子之间起冲突原本是很正常的事情，家长应该关注的是事件发生的前后过程，客观地分析孩子表现出来的这些行为背后的原因，反思平时的教育有没有不当、疏忽或走偏，而不是简单地把冲突双方当成敌我矛盾，去关注

"我方孩子"是否"打了胜仗"、占了上风，还是打了败仗吃亏了，甚至想后续采取一些手段把"局势"扳回来。

记得有一次，有个朋友谈起对孩子的教育，他说："我告诉幼儿园的儿子，在外面打架不能吃亏，不管怎样要打赢，不要让自己受伤，至于后面需要道歉与赔偿的事，我们家长会摆平。"我顿时惊呆了，这样的教育观，培养出来的孩子会是怎样的性格？好斗、以自我为中心、没有玩伴、孤僻……我无法想象。这样的孩子未来会快乐吗？最终，孩子是吃亏了还是赚了？

家庭教育说大不大，说小确实不小，它影响孩子为人处事、言行举止，进而影响孩子一生的幸福快乐。每个孩子的情况不同，虽然社会上不乏各色的教育理论与如何教育的"鸡汤"，但对于每位家长来说，日常教育却从来没有统一的流程与模板可循。我们要从如何塑造影响孩子一生的品德和性格的角度，思考如何让孩子健康快乐成长。"感恩明理，善良快乐"，是我们全家每位成员最朴素的愿望，它让我们全家人都感到生活充实、心底的踏实，感到满足与幸福。

王军芬丈夫与女儿

勤奋好学的父亲

徐凌芸

盛夏的杭城久不见雨，格外闷热，在烈日下没走上多久，立刻就会满头大汗。

我跨进父母家的天井，院子里的栎树绿荫浓郁，隐身绿意中的知了叫个不停，听得人耳聒心躁。

推开正屋大门，我冲屋里喊了声："爸爸，我来了！"正在窗前伏案的父亲闻声写完最后一个字，搁下毛笔，应声道："来来来，看看我这幅字写得怎么样？"我拿起桌上那幅墨迹未干的行书，竖起大拇指，由衷地笑着夸赞："我爸厉害！""老师说，我还是要多临帖！"父亲嘿嘿一笑。

父亲已经退休 7 年，从退休的第一年起就在老年大学学习书法，从智永千字文开始练习楷书三年，再临王羲之和赵孟頫的行书，又是三年，今年转而学习中国山水画。无论寒暑雨雪，父亲每周都去上课，是班里出勤率最高的一个。他每天在家至少练习两个小时，乐在其中，不知疲倦。父亲说："我一直喜欢书画，以前工作的时候总是忙忙碌碌，没有时间。退休了，总算有时间学习书画了。我没有别人聪明，也没有别人的天赋，多学多练，总能进步。"

从我记事开始，父亲就是一个闲不住的人，一个闲不住学习新事物的人。受"文化大革命"影响，读书勤奋、学习成绩优秀的父亲在初二不得不中断了学业。他18岁参军，进入南京军区某部，从一个什么都不懂的新兵做起，成为一名炮兵班班长。复员后，他走上了学医的道路，分配到省级医院检验科的他不甘心仅仅做些简单的化验工作，通过自身努力又转而从事难度更大的血液病实验和研究工作，还发表了相关学术论文。

父亲是从30岁开始学习英语的。儿时的印象中，父亲一得空闲就跟着电大英语节目 *Follow Me* 学习，每天晚上就着床头灯捧着一本《许国璋英语》背单词。他给自己定下的目标是每天背50个新单词，记10个新句子。

20世纪80年代初期，杭州的涉外宾馆很少，老外也很少。每到星期天一大早，父亲就用自行车载着我去西湖边碰运气。但凡碰到金发碧眼的老外，父亲绝不放过，毫不犹豫地用不熟练的英语和他们打招呼，练习口语。有一回碰到一位外国人，互相问候时还闹了笑话。因为一音之差，"Are you a monk?"竟成了"Are you a monkey?"即便如此，父亲也从不退缩气馁，从不怕丢面子。就这样，父亲用三年的时间不仅自学了英语，还成了医院接待外宾的翻译，进而从事外事工作。从小在父亲学习英语的氛围中耳濡目染，并经常接触父亲接待的外宾的我也对英语产生了浓厚的兴趣，最终选

徐凌芸父亲的日课——练习书法

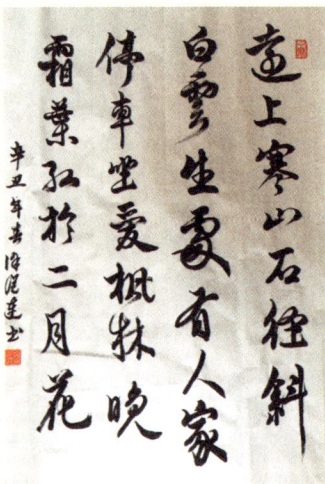

徐凌芸父亲的书法作品

择英语作为自己在大学的专业。

直到今天，父亲还总是说起："我学英语的时候，在杭州饭店前的英语角还经常碰到马云呢！那时马云才小学五年级，胆子非常大，英语说得也很溜。"

90年代初期，父亲受命参与筹建一所新的省级医院。从来没有和建筑工地打过交道的他，边工作边学习，硬是在很短的时间内熟悉了查阅建筑图纸、了解建筑结构、优化建筑方案等与医院基建相关的方方面面，和团队一起顺利完成了医院的建设工作。今天，这所医院已经成为杭州老百姓经常选择的大医院，每当路过医院，父亲总要念叨一句："当年，这里可都是鱼塘啊！这幢门诊大楼的设计方案我也出了不少力。"

父亲的一辈子都是在学习新事物中度过的。他会夯砖头、砌灶头，会打沙发、做书架，会种花、做盆景造型，会拉二胡、吹葫芦丝……父亲总是对新鲜事物保持着好奇好学之心，只要他想学想做的，就一定会勤奋去学、认真去做。父亲常说："人这一辈子，总要多学点东西。只要肯下功夫，没有学不成办不成的事。"

在父亲眼里，我总归是不够努力也不够优秀的女儿，所会所成不及他的百分之一。如果能如父亲般勤奋，恐怕自己还能做得更出色。但有一样，父亲身教于我，被我继承下来，那就是对待任何事情都勤奋踏实、认真投入。

夏去秋来，蝉鸣声已渐渐远去，父亲兴奋地打电话来说："我最近画石头有点进步了！"我不禁莞尔，活到老，学到老，父亲真是全家勤奋好学的榜样！

勤俭致富经
忠厚传家远

孙燕

在我的成长生涯中，长辈对我的教育至关重要。无论在求学、工作还是生活中，父母言传身教的良好家风都给了我莫大的精神动力和理想支持。

勤劳能致富——"干任何事都要付出十二分的努力"

我的父亲是一位退伍军人，曾在祖国最艰苦的地方（西藏、新疆）服役 12 年。父亲是一名老党员，经常说："勤俭能致富，干任何事都要付出十二分的努力，不要偷奸耍滑，让人看不起。"他这样教育我，同时也身体力行。他十分勤劳，不怕吃苦，也不怕吃亏。他当兵归来后在家务农，家里承包的耕地没有到期，但碰上村里统一规划，要将耕地种成护河林，父亲毫不犹豫让出自己承包的土地；当高铁和高速路通过村里需要占用耕地时，父亲首先让出了耕地，并劝导

童年家庭合影（左一小孩为孙燕）

那些因为耕地被占用而意见很大的村民："要致富先修路，要改变条件就要先修路，大家要将大事放在前面。"父亲的利益观、价值观深深地影响了我，明白了什么叫吃苦耐劳，什么叫志虑忠纯，使我像他一样，面对任何困苦都不害怕。

因此，在工作中，我视困难为历练，尽量承担更多工作。在教学中，学生是我最大的主题。备课、上课，我总是不遗余力，把每节课做到尽善尽美。为了让高分子材料与工程专业的学生能较好地掌握"高分子化学"专业知识，我在学院中首开双语课程网站，将课程PPT、教学大纲、参考资料等分享到网站，这样学生们就可以利用课外时间钻研学习。我平时会将学科方面的最新文献整理出来，跟同学们一起分享，让同学们以课后作业的形式做翻译，认真完成的话可以积累很多专业素材，这样同学们到了写毕业论文的时候，就不会觉得难了。

　　因为平时工作较忙，为了跟同学们有更多交流，我中午不午休，不关办公室的门。同学们一般也会在中午来我办公室，一起探讨专业问题。因此，虽然行政与教学工作两者兼顾，但我的科研成果还算丰富，并两次被评为学校"科研十佳"。近几年，我先后承担国家自然科学基金 3 项、浙江省自然科学基金 3 项和外来横向课题 1 项。在国内外重要学术刊物上发表论文 18 篇，其中被 SCI 收录论文 8 篇；作为主编出版教材 1 部；发明专利 5 项。我指导的学生科研成绩也属斐然。哪怕产假期间，我仍旧不放弃指导学生。大女儿出生不到半月，在月子里，我坚持在电脑旁帮学生修改参赛项目书，庆幸的是其中 4 项申报项目成功立项。我连续几年都被学生推荐为"我心目中的好老师"候选人，并被评为学校"教学十佳"教师、钱江学院"教坛新秀"、杭州市教育局系统优秀教师、杭州市师德先进个人。有些学生已经毕业了，但依然跟我保持着紧密的联系。高分子 091 班学生符思达在校期间一直跟随我做课题研究，本科毕业在杭州中策橡胶集团有限公司工作，工作两年后，我将他推荐到澳大利亚迪肯大学的课题组，以全额奖学金攻读博士学位。好多学生毕业了，仍旧把我当朋友，跟我聊聊自己的工作、生活，甚至恋爱故事。学生们喜欢亲近我，同事们信任我，喜欢与我谈谈心事。勤奋为先，带动身边的人一同进步，正是我父亲经常告诉我的道理。

忠厚传家久——"占小便宜是吃大亏"

我的母亲大字不识一个，不过她尊老、团结、乐善、睦邻。母亲常说："忠厚传家久，不要老想着占便宜，占小便宜是吃大亏。要与人为善、热情待人，要学会帮人。"

记得我小时候，有一年冬天雪下得很厚，村里来了一家子乞讨者，一家四口，其中一个还是哑巴。母亲心善，不顾全村人看笑话的眼光，坚持收留这一家四口整整六个月，免其漂泊之苦。我至今无数次问自己，我能否做母亲那样的善举？恐怕没有肯定的答案。不过，受母亲影响，我面对一些需要帮助的人，也经常会慷慨解囊。

记得 2008 年 12 月的一天晚上，我跟先生碰到一个衣衫褴褛的年轻人在肯德基窗外徘徊，看起来饥肠辘辘、纠结难过的样子。我想他一定很饿，可能没好意思去乞讨，于是就去肯德基买了一份套餐，还拿出一百元钱给他。刚开始，年轻人不肯要，或许怀疑我的诚意，或许面子上有点过不去，一直拒绝我，我再三说明只是想帮他，他才接受。也许，区区一百元钱帮不了他什么忙，但那是我的一份心意，如果那一刻我没有伸出援手，我会永远内疚。

让我欣慰的是，大女儿 4 岁时就懂得与人为善、助人为乐的道理。1 月的西湖边很冷，尤其到了晚上透着彻骨的寒。一天晚上，我们一家人漫步西湖边，有一位老人正在西湖边卖花，女儿说："妈妈，我们去把奶奶的花都买了吧，这么冷，她卖完就可以回家了。"我觉得女儿很懂事，学会体谅别人了，便立即开心地买下了老人所有的花。我想，家风是需要传承的，传承是珍贵的，我常常能想起母亲挂在嘴边的教诲。如今，优秀家风代代传，在后辈身上，我看到一颗善良的种子正在茁壮成长。前不久，女儿面试杭州上海世界外国语小学被成功录取，她的自信、大方、善良是杭州上海世界外国语小学选择她的重要因素之一。

豁达以致远——"做人要心存宽厚"

我的外婆是中国共产党早期的组织成员之一，从事地下工作。外婆相信党一定能带来新生活，于是不顾一切地加入了组织。外婆做地下工作的时候，冒着日军的严查盘问，将组织上要转交的信函放在自己的发髻里面，孤身一人将重要信件送给同志，顺利完成组织交给她的任务。外婆经常说："共产党带领我们打天下，过上好日子，共产党是好的，永远不要因为党内个别党员的行为不好，就说共产党的坏话。"外婆也传下家训："豁达以致远，做人要心存宽厚，做事要有远见。"外婆说过的话让我明白了豁达乐观、志存高远的可贵。正是因为外婆的感召，我于 2003 年 6 月 2 日光荣地加入中国共产党，并下决心要努力奋斗，在平凡的人生中画出最美好的一笔。

我平时大大咧咧，十分乐观，但难免会遇到一些困难，生活有时也会让我觉得疲惫。我有两个孩子，大女儿刚上小学，小女儿才 1 岁。我跟先生工作都比较忙，公婆来帮忙带孩子，但两位老人身体并不好。所以，我下班一回家，就赶紧洗衣、做饭，操持家务到 11 点多，有时候想想压力真大。

不过，想起我的外婆在那样困苦的环境下从事地下工作都那么乐观豁达，我有什么好气馁的。每当腰酸背痛的时候，每当有各种委屈的时候，每当遇到觉得过不去的坎儿的时候，我都会告诉自己："做人要豁达，要有远见。扛一扛，便也过去了。"同事们总说我能给人带来快乐，我的笑声特别爽朗，那不是因为我幸运或遇到的困难少，而是长辈教我的道理影响了我。

如今，我的外公外婆已离我而去，父母年事已高，但他们对我的教导我不会忘却。我既是子女，也成了父母，更要关注身教与言传的关系，工作虽然忙，但勤俭为先，尽量做到教学、科研、管理工作兼顾到位，尽量成为学生评价的淳善可亲的老师，成为同事评价的开朗乐观、果敢坚毅的朋友，成为领导评价的踏实负责、真诚律己的职工。在家里，不管多累，我都要把家打理得温馨舒适，整理得井井有条，我要做一个豁达、平和、勤奋的妻子与母亲，这是长辈对我的教导，这些教导早就融为我对自己的要求。

怀念一位小学老师

——我的父亲

陈漪

据说，他是杭州城里最后一拨念私塾的人。早年家道尚可，便将家中闲置的一间房拿了出来，借给一位绍兴师爷作私塾。屋里添了些桌椅板凳就开了张，陆陆续续地，城河对面、横河桥一带的孩子们都知道了这个地方，而5岁的他也早早地结束了在河边玩耍的日子。

在那个年代，杭一中（今杭州高级中学）是绝大部分杭州学子的梦想。也许是因为他工整俊逸的毛笔字，也许是因为他扎实的诗文功底，总之，小小年纪的他成了杭一中的学生，也成了家族的骄傲、街坊口中的传奇。大家原本以为，传奇会继续，他会像其他同学一样，继续上高中，甚至考大学。然而初中毕业时，家道已然中落，他只能选师范学校，因为那时师范生有补贴，吃饭不花钱。

毕业后，18岁的他顺理成章地成了一名小学老师，在粮道山小学（今已不存）开始了他的职业生涯。在男性教师严重匮乏的小学里，他身兼数职，既要忙教学，又要忙杂务，在日复一日、年复一年的忙碌中，四十个年头倏然而逝。

关于他的教学，从未听过他的课的我自然无权评说，也不认为那些红色封皮的荣誉证书就一定能证明什么，更多地，我看到的是课堂以外的他的艰辛与坚持。

记得那是暑假即将结束的一天，但有些课本却迟迟没有到位，作为总务主任的他急得不可开交。几番联系之后，他决定不再等待，借上一辆三轮车，带着两个尚念小学的女儿就这样出发了。炎炎夏日，初时的新鲜兴奋很快就被酷热打败了，两个孩子垂头丧气地坐在后面，不停地问"到了没有，到了没有"。终于到了之后，就是搬书、装书，然后回程。书太多，大的那个坐不下了，只能跟车疾走，小的那个则坐在高高的书堆上胆战心惊。到了坡道，大的小的都得到后面推车，拼尽全力推车。路途遥远，学校总也不到，那是小姐妹第一次知道原来杭州那么大。

这样的事，对于他来说极为平常。在学校里，他的勤恳是出了名的，我看见过他疲惫，却从未见他懈怠。学校里大大小小的事，领导、同事都会想起他，遇到难题了，就会说"问问老陈去"。他是那种典型的"老好人"，来者不拒，尽心尽力，但也常常累着自己。

如果说他只是一个终日为琐事所累的小人物，未免委屈他了，因为他实实在在是有理想抱负且有几分才华的。在那个物质生活极为贫瘠的年代里，他将工资分作几份。婚前，

陈漪父亲年轻时

一半是雷打不动要交给父母的，剩下的除了必备的衣食开支，便是买书；结婚生娃之后，生活更加紧张，父母仍需赡养，娃们也得负担，但买书的习惯却保持了下来。为了能在不影响家庭生活的前提下买到更多的书，他开始更加勤勉地写作，发表大大小小的文章赚稿费来换书。

他对电影的爱好发端于哪一天，我不得而知，只知道每个月的某几天他会像孩童般热切地期待一本期刊的到来，那是长影旗下的《电影文学》。换作今天来看，看场电影，订本期刊，是如此稀松平常的一件事，但在20世纪80年代，在电影远未普及，月工资只有三四十块的情况下，拿出几块钱来订阅一本专业级别的电影刊物，实在是一件奢侈又稀罕的事。更令人意外的是，他居然还写，没错，是那种正经八百的电影剧本，并且投递了出去。然而，奇迹没有出现，那些剧本应该都没有发表，收到过的只是几封编辑来信，或婉言退稿，或提出修改建议。当然，这几封信是我在 20 多年以后才偶然发现的。

他离开学校时的情形，仿佛是拙劣编剧编写的一出老旧电影：爱人在洗衣服掏口袋时发现了入院通知单，气急之下，质问他为什么不告诉自己，为什么不去住院。他只低低地说：再过两三个星期就放暑假了，住院的话，课就没人上了……是的，从此以后，那个小学里再也没有一位老陈老师去上课了。

到美国后，一件奇妙的事发生了，我居然成了一名小学老师，每周有一两回去一所大学的附属小学教课。走在学校的过道里，望向两旁五彩斑斓的墙饰时，我会想起他；坐在孩子们身边，听着他们稚嫩的言语，看着他们灿烂的笑容时，我也会想起他。偶尔，我会用想象去完形他的学校生活，去想象他是否也逢着过这样性格的孩子，是否也在课堂上有过与我一样的瞬间，是否也被孩子们的真纯深深打动过。在某种程度上，我们比以往任何时刻都心意相通，我们之间，建立起了一种全新的、更深刻的联结，我很感激。

16 年了，终于可以如此这般平静地怀想他，在这个节日的静谧夜晚。

父亲，祝您节日快乐。

红色家风薪火相传

叶辉

　　今年春节我们这个大家庭的"全家福"记录了全家老少50口人过大年的热闹景象，照片里的每一个人笑得都很开心，因为大家期盼了许久的"外婆活到一百岁"，在这个新年终于实现了！在五代同堂的欢声笑语中，外婆的第四代、第五代晚辈们，也许根本不会想到，眼前这位期颐之年的瘦弱老人，可是经历过烽火硝烟，并且与中国共产党"同龄"的世纪老人。

　　风雨沧桑一百年，回首激情燃烧的峥嵘岁月，外婆感慨万千。

　　让时光闪回到一百年前，有"孟子故里""邹鲁圣地"之称的山东邹县，我的外公（1918—1999）和外婆（1921—　　）先后出生在田黄区的乡村。彼时中国大地正经历着翻天覆地的深刻变革，军阀混战、民不聊生……就在这灾难深重内忧外患的历史洪流中，肩负民族独立和复兴使命的中国共产党

叶辉外婆百岁时的全家福

诞生了。

外公幼时上了四年私塾，之后便跟随父亲（我的曾外祖父，当时是党的地方武装的中队长）参加了当地的抗日革命活动，并于1940年加入中国共产党。1938年，外公和外婆结婚后，外公经常在外"打鬼子"，外婆因此成为日本鬼子抓捕的目标，不得不经常带着两个年幼的孩子颠沛流离、东躲西藏。有一次因叛徒出卖，外婆带着孩子们逃到弟弟家。舅爷为了保护姐姐一家，面对日本鬼子的严刑拷打硬是没有开口，最终虽捡回一条命，却落下终身残疾，然而外婆的两个孩子后来在战火中先后夭折。

1943年，外公所在的地方革命武装被整编进鲁南军区（华东野战军的组成部分）。解放战争开始后，外公跟随部队一路向南挺进。外婆家珍藏的那些斑驳泛黄的革命照片，记录了外公先后参加的孟良崮战役、济宁战役、鲁西南沙土集

叶辉的外公外婆在革命战争年代的合影

战役、开封战役、淮海战役、渡江战役等许多战斗场景。作为随军家属的外婆也于1945年加入部队，与外公一同亲历了新中国的诞生。他们出生入死，从枪林弹雨中一路走来，铸就了钢铁般的意志和坚定的理想信念。

外公和外婆跟随部队一路南下，从华东野战军第二十二军转到了浙江军区，参加了"象山战斗"等解放浙江东部海岛的战斗。1950年，我的母亲在杭州出生。由于外公多处负伤，最严重的是参加开封战役时背部留下的贯通枪伤导致残疾，让他没能"雄赳赳气昂昂地跨过鸭绿江"，错过奔赴抗美援朝战场的机会，戎马一生的外公对此充满遗憾。

后来，外公、外婆从部队转业到地方，投身百废待兴的新中国建设。外公先后在临安主持公安、检察、民政、人大等工作直至离休。我儿时记忆里的外公总是骑一辆"28大杠"自行车，龙头把柄上挂一个尼龙包，里面总会有三样东

叶辉外公外婆的部分勋章

西：工作笔记、印有毛主席像的搪瓷杯和一块麻饼。那时的干部，每天都要走街串巷到老乡家上门解决实际困难，午饭经常就是自带的干粮和一杯白开水。有一次我到同学家里玩，同学的爷爷对我说："我认得你外公，他以前经常来我们这片村子，他胃不好，痛起来时就拿自行车手柄抵住自己的胃，我们赶紧给他倒一杯热水喝下去。"那时我才意识到，外公晚年每天喝粥并不是因为他真的喜欢喝粥！

三年困难时期，即使县城里也是缺衣少食，度日艰难。外婆家至今还留存着这样一张照片，照片里我的七舅、八舅和小舅都还是顽童，穿着不同季节的衣衫，短袖、长袖、夹袄都有，衣扣也不完整，当时的困难情形可见一斑。每次家庭聚会时拿出这张照片，大家总是看一次笑一次感叹一次。

1979年，对越自卫反击战爆发，四舅的部队开赴老山前线。两位老革命自然看出了儿媳的不安，外公语重心长地说："男儿参军，保家卫国是天经地义的事，部队培养建华这么多年，现在让他上前线是他的光荣，我们应该支持他。"外婆则把我母亲悄悄拉到一旁说："你是姐姐，又和弟妹一起插队，你要多关心照顾她们母女，有什么困难就来找我。"

母亲回城后，进入临安人民医院当护士，父亲凭借自己的努力，从拖拉机手做到了县城农业局的干部。父母二人一个常年下乡不是忙抗洪救灾就是忙春耕生产，一个在病房里日夜三班倒。外婆心疼我小小年纪经常被妈妈扔在病房吃百家饭，向外公求情，希望他出面让母亲转岗到门诊不用上夜班。外公却说："转岗要凭她自己的本事。"母亲便开始刻苦自学新兴的心电图技术，并到浙二医院进修。为此，我从县里最好的幼儿园转到了离外婆家很近的一所简易幼儿园，跟着他们生活了一年，直到母亲学成回来，从病房转到门诊从事心电图工作。

父亲出身农村，是家中长子，虽然家境贫寒，爷爷奶奶也没有让他辍学。所以，父亲无比珍惜这来之不易的学习机会，读书用功，成绩很好，来到县城工作后特别投入，每次抢险救灾总是冲在第一线。我在学生时期对他的记忆很模糊，总是早上我起床上学时，他还在休息，晚上我休息了，他还没有回家。有一年，县里要提拔一名分管农业工作的副县长，父亲是人选之一，母亲带着我去找外婆，希望时任县人大常委会主任的外公出面推荐。外公对比了候选人履历后对外婆和母亲说："虽然，我也知道小叶的工作能力和经历比没有下过基层的干部更适合，但因为他是我的女婿，我应当避嫌。女儿，请你转告小叶，我相信他凭自己的努力将来一定会干得更好，要有这样的信心。"

说完，他从枕头底下掏出厚厚一叠叠得整整齐齐的香烟盒里的锡纸，让我转交给我的爷爷。原来，他记得我曾经跟他说过，爷爷从乡里退休后，自己在家扎花圈卖补贴家用，烟盒里的锡纸可以用来做银色的花心。外公就把烟盒锡纸全部收集起来，让我带给爷爷，还一再叮嘱，这是我俩的"小秘密"，千万不能告诉外婆，以免外婆唠叨他抽烟太多。许多年以后，我父亲因为成绩突出被选调到了杭州市农业局担任领导干部工作，实现了外公的期望。

在我们这个大家庭中，还有非常特殊的一员——青松舅舅。他并不是我的亲舅舅，而是外公和外婆的养子。早年外公主持民政工作时，青松舅舅是个孤儿，外公外婆便收养了他。他们的儿子志君品学兼优，在我们这一辈里成绩最好。有年暑假，志君和同学在公园游泳时，为救一名溺水儿童，不幸牺牲。噩耗传来，外公和外婆沉默许久，最后外公喃喃自语："俺志君是个好孩子！"

外公得知我考上大学高兴得不得了，因为我是家里第一个大学生，尽管当时他已经肺癌晚期住进医院。我每次回去看他，他都高兴地叫道"俺的大学生回来啦！"还要跟我行握手礼，他的手总是温暖而有力。他还不停地询问我："在学校一切顺利吗？最近有什么新鲜的事，快说给我听听。"我也总是很乐意跟他分享我的校园生活，甚至会向他抱怨学校里评奖推优有时不公平。他总是乐呵呵地回应我："俺小辉辉还是个要求进步的小妮子嘛！不过也不必太在意这些，学到本事才要紧啊！吃亏就是福，那些一点都不肯吃亏的人，将来

回城后全家合影，前排左一为叶辉母亲，第三排右二是叶辉四舅

是要吃大亏的。"

外公有一个孙子（五舅的儿子）小时候非常胆小，夜里都不敢一个人走楼梯，结果长大后考上了警校后来做了警察，真正接了他的班，之后因为工作出色被调到滨江区政府工作。党的十八大以后，他积极响应国家的号召，参加了浙江对口支援湖北恩施土家族苗族自治州的扶贫工作，在恩施的大山里一干就是三年。在扶贫期间，每逢暑假，他便动员爱人带着一双儿女去恩施，跟他上山去看望结对帮扶的老乡，让他们感知美好生活的来之不易。回杭后姐弟俩也时常向我们分享大山里的见闻。

看着眼前的孩子们奔跑嬉闹，再看看静坐在一旁历经百年沧桑的外婆，时移事易，然流淌在血脉里的红色初心不变，代代相传。

我的母亲

鞠秋红

　　我的母亲在娘家排行老大，下面还有四个弟弟。可想而知，在那个年代，母亲是很少有机会入学读书的，所以她起先识字并不多，写名字都像画画一样。但母亲酷爱山东吕剧，从搭台子戏到戏剧影片，她都会尽量抽空去看。我读大学后也陆续用兼职攒下的钱为母亲购买吕剧碟片。母亲很节俭，我上学后每次回家带的"礼物"，她都觉得我浪费，但对这些碟片，她每次都喜笑颜开。看碟也成了母亲农闲时候最大的乐趣，一张碟片反复听反复看，到最后都能跟着唱了。影片下面的字幕也成了母亲识字的重要途径，就这样，不出几年，她能整本整本地看书了。到2007年我正式参加工作，线上线下能买到的吕剧碟片我都买遍了，算起来有近百张，这些都成了母亲为之骄傲的"财富"。大家都爱看吕剧，母亲也乐于和乡里乡亲们分享这些碟片，有人来家一同看剧，有人索性借了回家慢慢看。不过，时间一久，母亲也记不得谁家借了，谁家还了。当我就这事发表意见时，母亲总是无所谓地说："这些碟片我都会背了，他们留着看就留着看好了。"就这样，到母亲最后离我们时，家里的碟片已所剩无几了。

母亲有很多拿手绝活，按摩就是其中之一。从记事开始，但凡我和弟弟有个头疼脑热，只要母亲给我从眉心按摩到脚心，第二天一准儿就没事了。邻家大妈婶子们，谁有个肩痛腰酸，也常常跑到我家寻求帮助，母亲无论多忙，也会一一应下来。有个大妈，据说为人刻薄，附近村子里有人提起她，都恨不得甩她几个巴掌。但我的记忆里，她对我母亲甚好。听母亲后来说有几次我和弟弟开学要交学费，她主动跑来问我母亲孩子上学的费用够不够。这在那个人人手头紧的年代，这么一个"恶人"愿意解囊相助，好多人都百思不得其解。我也就这事问过母亲，她只是淡淡地说了一句："她有多年的腰痛病，每次复发起来都很难受，我有空就去给她做按摩，她可能记心里了吧。"

母亲的手工活很赞。我对幼儿园时期的记忆已经有些模糊了，但有一个场景仍然记忆犹新——六一儿童节乡镇有演出，各个幼儿园都要自己准备演出道具。学校准备了服装，但是舞台效果不好。母亲看在眼里，也没吭声，回家买了红纸，连夜赶工，做了20束纸花，这件事也让幼儿园老师着实感动了一把。那次演出估计很成功，因为我们这些孩子一人分得了一个很可爱的大象杯子，现在我还记得那些纸花后来一直挂在教室的墙上。印象中，母亲只是在过年的时候才专门做纸花来装饰房间。母亲把红纸裁剪成大小一样的纸片，把纸片固定在玻璃瓶子外面，用粗麻线一圈一圈排满，然后借线圈的模子把红纸压成褶皱状，然后撤掉麻线，对一片一片的"花瓣"进行修剪和粘贴。对于花蕾的做法，我已无印象，但是最后的成品有向日葵那么大，黄蕾、红花、绿叶，分外吸引人。母亲还会做手工鞋，纳底、绣花，只要有个样子，就能做出成品。

让我和弟弟最忘不掉的还是母亲做的饭菜。花样面食曾经让别的小朋友羡慕不已，各种馅儿的水饺、葱油卷儿、馅儿饼、芝麻饼子、糖饼儿、千层饼，即使是馒头也能做出花样，螃蟹状的、仙桃状的……母亲还会包粽子，蒸年糕，做糖葫芦，熬制各式汤菜。母亲有一手好饭食活儿，做饭菜的速度也出奇地惊人。一听说我或者弟弟一家或者哪个亲戚朋友要来家里，就忙活起来。一到家我们准能吃上热腾腾、香喷喷的各式菜肴和小吃。我堂哥家的小女儿小时候，就喜欢往我家跑，并且一待就是一天，还跟她奶奶和妈妈说："小奶奶做的饭菜比餐馆的还好吃。"后来我那侄女上学了懂事了，就一个劲儿劝我母亲去开餐馆。母亲去世的时候，她在准备高二的期末考，堂哥没告诉她。等她考完回来，跑到我家抱着我大哭了一场。

母亲还是走了，带走了一身本领。我一直也没弄明白，母亲的这些绝活是怎么学来的。直到有次去看舅舅，提到母亲，他钦佩地说："姐姐她虽然没文化，但是好学习，喜欢琢磨，一次不行，再来一次。关键是她还乐意把这些学成的东西用起来。"我突然领悟，想起了她第一次给我和弟弟做糖葫芦。只看到街上有人做过，母亲就想尝试，但熬糖很讲究，

鞠秋红一家三口在父母家小聚（摄于 2013 年暑假）

早了，糖不脆；晚了，糖就焦了。母亲就反复熬，一遍一遍尝试，一勺糖水滴到手背上，烫起了好大一个血泡，过了好久还流脓。功夫不负有心人，母亲练到最后，用眼就能看出糖是不是熬到火候了。过年的时候，拜年的嫂子们夸赞母亲做的糖葫芦比外面卖的好吃多了，吵着要学。于是母亲买了半麻袋砂糖，想办法把她们陆续都教会了。

母亲走了，留给我们无限的思念。梦里梦见她，还像生前一样忙碌地张罗着，也许冥冥之中她老人家也在提醒我们要勇敢去尝试，不要害怕失败；学若有所成，要懂得感恩回报。

家风润万物　育人细无声

骆琤

罗曼·罗兰曾言："生命不是一个可以孤立成长的个体。它一面成长，一面收集沿途的繁花茂叶。环境给一个人的影响，除了有形的模仿以外，更多的是无形的塑造。"家风成繁花，家训成茂叶，我们身为父母理应言传身教，潜移默化地给予孩子无形的影响与塑造。

2017 年，我接到学院通知，作为杭州市唯一一名女教师前往新疆阿克苏支教一年半。此次的援疆任务对我而言，不仅仅是工作上的挑战，更是一次家庭教育的契机。

刚接到援疆任务的时候，我内心充满了矛盾，最牵挂不舍的是家中 7 岁的女儿。刚上一年级的女儿原本性格便内向腼腆，生活中突然出现了这么大的变化，与母亲长时间别离，缺少母爱的滋润，会不会给她的成长带来负面影响？然而我更明白，比起需要陪伴的女儿，远在祖国边陲的孩子更需要老师的引导和教诲。这不仅是我身为教师、身为党员的责任，更是教育者"传道授业解惑"的使命。于是我义无反顾地前往阿克苏，也希望女儿懂得这份选择背后的意义。

在女儿的心里，"援疆"这两个字背后的含义恐怕很难理解。她的小脑袋瓜里只是模模糊糊地知道，妈妈要去一个很远很远的地方，做一件很特别很特别的事情。临走前几周，我曾试探性地征求她的意见，没想到孩子却坚定地回答："妈妈，你去吧，你去帮助新疆那些哥哥姐姐把英语学好！"我平常经常告诉她，人生的意义不在于谋私利，而是要尽己所能为这个社会多做贡献。女儿平时都是似懂非懂地点头，但想不到在这个关键时刻，她做出了这么响亮的回答。那一刻，我真的为我女儿骄傲，为她的善良、豁达骄傲！

然而心里纵有离愁千丝万缕，也不忍在女儿面前流露愁容一分。离开那天，我看起来有点"窝囊"地偷偷带上包裹，像往常前往学校一样离家。不告而别，是我给孩子留下的告别方式。她像往常一样放学回家，却突然发现妈妈不在家中……选择这样的告别方式，不仅是不忍离开的场景给幼小的女儿心里造成沉重的冲击，也是想默默地告诉孩子，"分别"不过是人生常态，我们总要从容面对。

然而，长时间的分离必然是痛苦的。当我远在新疆，听到女儿越来越多次地跟爸爸提起"我想妈妈了""我已经很想很想妈妈了"的时候，内心的牵扯也越来越强烈。幸运的是，父母、丈夫和学校老师都全力支持我的决定。父母几乎每天赶一小时的路到家里来照料女儿的日常起居；平时工作繁忙的丈夫也全力以赴，挑起了接送上下学、辅导作业、亲子活动的重担，还积极地参与各种家校互动，尽量弥补妈妈不在女儿身边的遗憾。女儿打电话过来的时候，还特地向我说着对班主任方亚玲老师的感恩之情。方老师在学习上常为女儿补习功课；生活上，每天为女儿梳头扎辫子；心理上，鼓励女儿建立自信，大胆表达。细雨无声润万物，正是因为身边有爱的包围，在我离开的一年半时间里，女儿变得越来越懂事，自理能力越来越强，性格更加开朗，谈吐也更加大方、自信。

我时常教导女儿要常怀感恩之心，感恩家人和老师为她营造出的健康成长的环境。听到她对身边人的赞美感谢，我的心中比谁都要喜悦。

骆琤与参加"空中丝路课堂"活动的学生在一起

因为有了来自大后方的鼎力支持，我在新疆的工作也有了更强的动力。想着女儿在家里勤奋、乖巧的样子，我觉得我更要努力工作，不辜负党和人民对我的信任，不辜负学院和家人对我的支持。在阿克苏，我们和100多位新疆教师结成了师徒关系，手把手地教他们上课、写论文、管理班级，我带的徒弟在很多教学比赛中都取得了一等奖的好成绩！另外，我们运用网络，尝试了新的教学模式，搭建了杭州和阿克苏之间的"空中课堂"。我们请来特别出色的杭州教师通过网络给阿克苏的老师上课、培训。这些点点滴滴，我都记录了下来，想等回到杭州、回到女儿的身边时，一字一句地念给她听。我想给女儿描述祖国西北的大好河山，也想告诉女儿这么多叔叔阿姨奔赴千里之外是为了什么。我想女儿一定会明白，并为我们取得的成绩感到骄傲！

在工作上，我时刻谨记"学高为师，身正为范"这八个字；在家庭教育上，我同样贯彻"十年树木，百年树人"的精神，深知自己一言一行的影响力，言传身教对女儿进行教育。文化的影响，是潜移默化、深远持久的，家风的塑造也如春雨润物般在一点一滴中教育着孩子。希望我亲爱的女儿，能一直善良如初，常怀感恩之心，通达懂事，和千千万万同龄人一起，成长为国家的栋梁。

悦读 · 悦动
——我的家风家教故事

吴小芬

书香伴成长

在我们家，有一档节目是"蓁妈讲故事"。女儿喜欢这样来开场："大家好，欢迎收听蓁妈讲故事。聪明的宝贝都爱听蓁妈讲故事，蓁妈讲故事很好听哟……"蓁妈讲故事，这是属于我们娘儿俩的夜读时光。

女儿是个不折不扣的书虫。每次到杭师大校园里，她最喜欢去的地方就是图书馆一楼的晓风书屋。一个人静静地躲到童书角落，一本又一本地翻看着喜欢的书。小小的人儿，无比享受着阅读的乐趣，以及晓风书屋书香氤氲的氛围。

女儿的阅读体验从她七八个月大就开始了。此后，睡前阅读就成了我们家的常规亲子项目。记得在她十来个月大的时候，我们常读《抱抱》。这是一本画面温馨、贴近生活的低幼绘本。小猩猩看到很多其他动物拥抱在一起相亲相爱的情景，特别想念自己的妈妈。它找不到自己的妈妈，哭得很伤心。最后，在大象妈妈的帮助下，小猩猩找到了自己的妈妈，并且和妈妈深情拥抱在一起。每次讲到最后，女儿总喜欢靠到我怀里来和我拥抱在一起。但是有一次，在我讲到小猩猩看到了妈妈，大叫着"妈妈"，大猩猩叫着"宝宝"，小猩猩和妈妈紧紧抱在一起的时候，女儿突然哇的一声哭了起来，扑到我的怀里来。这时，我突然明白，原来，小小孩子的内心世界是那么丰富。我想，还不会用语言表达的她一定是体会到了小猩猩找妈妈的焦急心情，以及找到妈妈之后的那种喜悦之情。

相伴逛图书馆和书店也是我们家的假日主题活动之一。浙江图书馆、杭州图书馆、晓书馆、晓风书屋、枫林晚书店、芸台书社、西西弗书店、苏州的诚品书店……这些地方

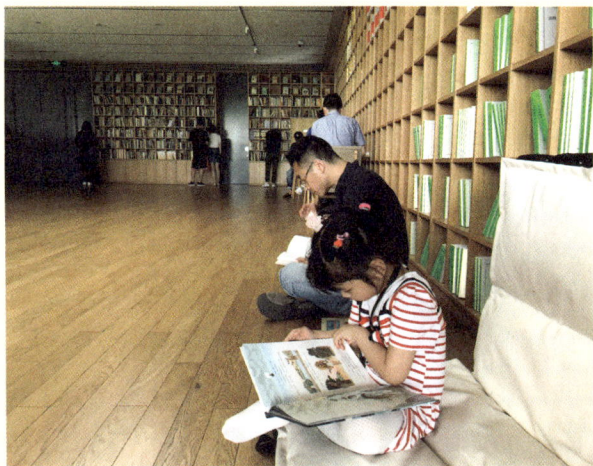

父女俩一起阅读

都留下了我们一家三口的足迹。静静地端坐在图书馆或者书店的一角，你看你的，我看我的，美好的阅读时光里，我们相伴着共同成长。

爱运动，爱生活

2018 年新年，女儿悄悄地告诉了我她的新年愿望：希望新的一年里像妈妈一样成为长跑健将。我会心一笑。也许，在女儿的心里，热爱长跑并且每年都跑马拉松的妈妈是很有魅力的，是她向往的形象。

作为一名跑龄达 13 年的马拉松资深跑友，"爱生活，爱跑步"绝不仅仅是个口号，而是 10 多年来从不放弃的坚持。认识先生以后，我将他也发展成了马拉松的铁杆粉丝。长跑，或者说跑马拉松，已经成了我们的一种生活方式。

女儿看我着一身酷酷的装扮去跑步，总是羡慕得不行。每次临比赛时，她就会给我打气："妈妈你要加油！""妈妈，你要得第一名哟！""妈妈，你跑快一点，一定要超过爸爸！"赛后她会别上我的号码布，戴上跑表和跑步腰包，模拟着我比赛时的样子，分享妈妈的喜悦。

除了跑步，我们还常常去打羽毛球、爬山。只要天气允许，我们的家庭周末活动中必然会有与运动相关的内容。在我们的带动下，女儿也成了一个小小运动迷。

有一年夏天，我偷偷早起准备去登山。女儿从酣睡中醒来，让我别"放弃"她，带她一起去。虽然女儿的身体素质很不错，但是大夏天去爬海拔几百米的山，我内心还是忐忑的。没想到，女儿跟着爸爸，一路完全不掉队。老和山—将军山—美女山—灵峰山—瑞云山—状元峰，这是她第一次连续走这么多的山路，途中收获了不少大哥哥大姐姐的赞叹和钦佩。事后她告诉我："妈妈，其实我的脚已经很累很累了，但是你跟我说过要坚持，所以我才说不累的。"对于幼儿园中班的女儿来说，"挫折""毅力"这些字眼都过于抽象，但她已经在真真切切地践行着面对挫折应该坚持、忍耐，只有坚持才有收获的道理。运动带给我们的不只是快乐、健康和幸福，还有积极向上、不断超越自己的精神。

好家风，重在言传身教

有朋友调侃道：你女儿一定是你的迷妹，你喜欢的她都喜欢。想来确实如此：我喜欢长跑，她也觉得跑步很有意思；我爱阅读，她成了一个小书虫；我喜欢打羽毛球，她也有自己的球拍；我在练字，她会乖乖地站在一边观看；我的烘焙手艺不错，她憧憬以后开一家母女面包店；我是一名教师，她在家里喜欢玩上课的角色扮演游戏，当然，老师的角色是属于她的……

英国教育家伯雷说："教育始于母亲膝下，孩童耳闻之一言一语，均影响其性格之形成。"作为一位新手母亲，我希望带给孩子的是积极对待生活和对待人生的态度。女儿就是我的一面镜子，在她的世界中，我看到的是另一个自己。所以，女儿也在成全着更好的我，让我不断地从德向善。

勤奋好学
涌泉相报

下篇

刘延轶 ——————— 要把勤奋献给现在，珍惜当下的一切，将来才会有无限的可能！

陈姗姗 ——————— 不论工作也好，生活也罢，如果每个人只想唱出自己，很难唱出和谐之音；好听的交响乐，即使每样乐器都有自己的音色，但能互相取长补短，和谐鸣奏。

陈晓玲 ——————— 做人要讲诚信，要对自己的言行负责，不要轻易许诺，一旦许诺，就要努力做到。

父亲是一本书

金贵朝

父亲离开我们好几年了，但我反复在心里阅读着他这本无字书，每一章节都折射着勤劳善良、刻苦钻研、坚韧乐观、自强不息的品质。

金贵朝父亲游览北京

帮人干活，就要对得起这份工钱

父亲是个木匠，勤劳又善良，他常常说："帮人干活，就要对得起这份工钱。"每当出工，父亲总是早出晚归、辛勤劳作，因此总能比预期提早几天完工，帮主家节约几天的工钱。不仅如此，父亲总把活干得漂漂亮亮，家具的板子拼得严丝合缝，家具做得结实耐用；而且总想办法利用主家剩下的边角料做个小板凳之类的，如果主家有小孩，还会做把木制手枪什么的，只有这样，父亲的心里才觉得踏实。

每次完工验收家具的时候，主家总是竖起大拇指，对父亲的手艺啧啧称赞。因此，本村及邻村的木工活大多被我父亲包揽，有些主家甚至提早一两个月就来预定工期。

父亲勤劳善良的品质不仅在家乡树立了口碑，而且深深影响了我。工作至今，我总是勤勤恳恳、一丝不苟、追求完美，课前认真备课，课上努力调动同学们的积极性，课后及时批改作业，还常常开展"微倾听"，了解师生的思想动态，尽己所能，贡献力量。

活到老，学到老

父亲不仅勤劳善良，而且酷爱钻研，常说："活到老，学到老。"20来岁，父亲跟师父在镇上的农木场学木工，学的大多是一些基本功。两年后，他独立承接木工活。这对父亲来说是新的挑战，而且时代在变，承接的工种也在不断发生变化。20 世纪六七十年代，农村大多造的是木结构房子，俗称"大木匠"；八九十年代开始流行各式家具，俗称"小木匠"。大木匠讲究的是把圆木砍平，非常考验斧子及运斧的技能；小木匠讲究榫卯准确、拼缝严密，考验的是刨、凿、锯、削等多项操作工艺。这些都难不倒父亲，因为他特别爱钻研，下班回到家时不时拿把尺子测量测量自家家具的尺寸比例，甚至直接拿家里的木材做试验，研究各种新式家具。

为了增添家具的古典韵味，父亲还学习了木雕，帮主家在床上、八仙桌上、洗脸架上雕刻美丽的图案，雕的图案惟妙惟肖的。父亲还参与建造了杭州西溪湿地、运河边的古建筑。

除了木匠，父亲还做了村里好几届的会计，而且都是全票当选。当会计对于没有念过几天书的父亲来说是个难题，父亲就拜村小的胡老师为师，先学着写每个村民的名字，接着学会写常用的工具名称。因为那个年代村民经常借用农用工具，这些都要父亲登记下来，有些不常用的字，例如镰刀、簸箕、铁锹等，最后都被刻苦钻研的父亲学会了。

无论碰到什么困难，扛扛就过去了

父亲出生于 1942 年，出生后不到一个月我奶奶就不幸离世了。父亲先被送到天台县一户人家寄养了 6 年，回来后爷爷娶的新奶奶经常虐待父亲。16 岁时，父亲被迫开始了独立谋生。

除了童年生活艰辛，父亲的一生还遭遇过很多挫折。我读小学的时候，一场洪水把我们家的稻田冲毁，快成熟的稻子颗粒无收，一年的辛苦打了水漂。我读大二的时候，大年三十村里着火，我家房子被烧毁。面对这些，父亲没有气馁，而是说："无论碰到什么困难，扛扛就过去了。"然后带着我们全家开始重建家园。

父亲真是一个天生的乐观派，否则生活早把他压垮了。父亲时常鼓励我们姐弟四人任何时候都要乐观地面对生活。工作闲暇，父亲还学会了拉二胡、吹笛子，他是村里乐队的骨干力量。每当听到父亲美妙的笛声，全家糟糕的心情便抛到了九霄云外。

金贵朝与父母、妻子、女儿在一起

等我开始工作，生活慢慢改善，本来可以闲下来享受晚年生活的父亲，却得了冠心病，心脏先后装了 7 个支架。生活质量急剧下降，晚上几乎无法躺下来休息，好多个夜晚都是坐在沙发上等天亮。在 74 年的人生旅途中，他经历了太多的磨难与辛酸，但是他都无所畏惧，表现出了坚韧乐观、自强不息的意力与品质。

父亲虽然已离开我们了，但是他老人家为我树立了榜样。他的一言一行、点点滴滴都书写在父爱这本平凡又伟大的书上，深深地镌刻在我的心里。父亲的那些叮咛、那些嘱托，似乎遥远，又犹在耳畔，我要把父亲可贵的精神、良好的家风传承下去。

读读父亲这本无字书

应金飞

我的父亲，只在很小的时候上过两年夜校，没啥文化，短暂的一生都是用行为来教育子女的。在我看来，我的父亲就是一本无字的书。

没有文化，却很重视子女的教育

我们家兄妹三个，妈妈因为身体不好，不能劳作。家庭的所有负担都落在了瘦小的父亲身上，一亩三分地是家里所有经济的来源。除了我的大姐小学便辍学外，我和哥哥硬是成了村里最早的两个大学生。最艰难的日子里，家里揭不开锅，交不上学费，父亲会一遍遍地到跑亲戚朋友家借。面对大家说的"饭都吃不上，还上什么学"，他总是重复一句话："孩子是读书的料，我不能耽误他们。"16 岁那年，我考上了温岭最好的高中，哥哥考上了华东师范大学，但是需要交 2 万元的委培费。对于这两万元，我没有办法算出当时的父亲需要在田里挑多少担稻谷，在地里挖多少斤红薯才能换得。

实在没有办法，父亲当时甚至想过把我过继给一个远房亲戚做女儿，要求就是他们能让我继续学业。最终因为户口等问题，父亲又咬咬牙把我接回了家。他来接我，对我说："走，跟我回家读书去。"那一年的夏天，父亲的眉锁得更深了。

乐观，将生活过得有滋有味

我的父亲自学二胡、笛子，而且自己制作乐器。每天吃完晚饭后发烧友便会陆续来到我家，与父亲一起切磋。那时候《三大纪律，八项注意》《东方红，太阳升》天天在我家响起。我6岁时便有了一把父亲为我特制的竹笛，也是父亲作为我的师父，让我在初中那段最自卑的日子里能有机会站在舞台上，用笛子吹出了优美动听的《北京的金山上》，那于我意义深远。因为从那个时候起，我发现我可以。父亲还是村里数一数二的金嗓子，不仅会唱越剧，口哨也吹得特别好。我只学到了皮毛，但正是这点皮毛，成了一道光，让我的生活有了更多色彩。

勤劳、节约

父亲是家里主要的劳动力，不仅把自家的责任田、责任地打理得井井有条，还租借了村上其他村民的田。一年种三季，除了交租，每年还可以余点大米卖了换钱。最忘不了的是暑假最忙最累的双抢季了，记忆中的双抢季除了金黄的谷穗，就是那一浪高过一浪的热浪了，真是应了"稻谷满仓皆汗水"。父亲总是天不亮就出门，然后踩着月光哼着小调回家，一年四季，天天如此。除了责任田，还有责任地，番薯、冬瓜、绿豆、豇豆……一茬接一茬，从不停歇。我和哥哥也早早做起了力所能及的农活，扦插番薯苗、浇水、割猪草、割稻子、插秧等农活都不在话下。父亲一生勤劳，只争朝夕，走路都是带跑的，他与天争，与地斗，硬是斗出了我们一大家子的营生。父亲的节约也是村里出了名的，甚至有村民在背后称他"小气鬼"。父亲对这个"雅号"也只是笑笑。父亲舍不得吃，舍不得穿。除却冬天，他从来都是光着脚，脚上厚厚的老茧就是他的鞋。家里口粮紧张，我们常常吃的是红薯米饭。哪天碰上白米饭，那一定是特殊的日子。父亲告诫我们，一粥一饭，当思来之不易，浪费罪过。为了省电，父亲常常跟我们说，要趁着天还亮看得见，赶紧把作业给做了。

应金飞全家福

懂感恩，知孝顺

我高二那年，父亲病了，病得很严重。最后的日子里，父亲把我和哥哥叫到跟前，强忍病痛，细细交代了三件事。一是外婆吃了一辈子的苦，如今年纪大了，以后我和哥哥要代他继续孝顺她老人家；二是他看病借了亲戚朋友很多钱，每一分、每一厘，我们都要记好，等以后有能力了要及时归还；三是他在病中得到了很多人的帮助，谁家送了鲫鱼、谁家拿了猪肉，一条条我们也要记好，要记得别人的帮助，今日滴水之恩，明日当涌泉相报。

父亲这本无字之书，就是我的心灵之书，每每读来，次次泪目。他说的、做的，日积月累，已经渗透到我的骨髓里，成了我的灵魂，深深影响着我今日做事做人，是照亮我人生道路的明灯。

勤俭持家 吃亏是福

许占鲁

　　我从小生长在一个普通的工人家庭，父亲在铁路系统上班，母亲在国营帽厂上班。母亲有 7 个兄弟姐妹，她在去帽厂前从事过多个工作，在思想上要求上进，生活中乐于助人，虽然文化程度不算太高，但依然是同龄人中的优秀分子，20 岁出头就加入中国共产党。母亲平时爱学习，关心国家大事，有自己的主见。到帽厂后不到半年，因为工作能力突出，她被提拔为中层干部。虽然年轻有为，但她清楚自己身上的担子。作为一名党员，她在工作中力所能及地帮助同事；作为一个家庭中的二女儿，她把工资悉数上交父母，以减轻家庭负担。

　　父亲 9 岁时，母亲就生病去世，被寄养在叔父家。虽然学习成绩优异，但高中毕业后，父亲选择成为一名铁路工人，从最辛苦的扛枕木开始，小小年纪，肩膀就被压出了老茧。他从小能懂得生活的不易。

　　父母亲结婚后，秉承着各自家庭中勤奋上进的家风，一起努力，勤俭节约，不到两年，他们一起盖起了新房，有了自己的新家。小时候，在我的印象里爸爸妈妈每天都很忙，早出晚归。家里物质上虽不十分贫瘠，但他们从来不浪费，吃剩下的就放在下顿吃；穿过的小衣服也保存起来，两件可以改成一件大点的衣服。在他们的世界里，节约不仅是因为物质条件不好，更是一种习惯，是一件应该做的事情，从未感到羞耻，并以此为荣。这样的习惯和作风也深深影响了我们。上大学时，我的生活费总是同学们中最少的，但我依然很快乐，买东西从来不买太贵的，也不喜欢铺张浪费。只要有机会我就去勤工俭学，自己挣的零花钱也从不乱花，只告诉父母，可以少给我些生活费了。有了自己的家庭以后，我也继续发扬勤俭持家的作风，我是同事眼中的"节省王"，也是爱人眼中的"抠门儿人"，但我知道他们都没有恶意，我也很自豪。正是由于我的勤俭，我们的生活才不断富裕。

父母除了勤俭持家，还教育子女"吃亏是福"。他们在与别人的相处中，很少说别人的不好，也很少计较。记得在翻盖新房的时候，邻居们都在争抢"地盘"，怕自己家宅基地少一寸，而父母则主动让邻居先选定位置，自己就用剩下的位置，这让邻居很放心也很感激。父母也教导我们，在平时的生活和工作中不要太计较，付出总会有回报，不要太在意一时的得失，生活总会给勤劳、谦让的人带来好运气。他们的这些教导，我们虽然不能完全做到，但很多时候选择就没那么计较和纠结了。如今，我们都在各自的岗位上兢兢业业，不敢有一丝懈怠，努力做到我们心中最好的样子。

许占鲁母亲在工厂工作时

许占鲁父亲的工作日常

母亲

赵文斌

母亲今年七十有一，没念过书，平日里少话，手脚倒不曾停下。在没有太多条分缕析的教诲中，她说过的那几句话，却让我们兄妹三人镌骨铭心、受益终身。

不能浪费

20世纪四五十年代的那一代人，有过贫困和饥饿的经历，即便处在平安静好的岁月里，还是小心翼翼、克勤克俭，带着那种心灵深处幽微的伤口。吃水果，永远先吃烂的；冰箱里永远存放着隔夜的饭菜；衣服穿旧了，洗得发白还舍不得丢；佝偻着背，在地里摸着春夏秋冬过生活……儿女们再三地劝她，她只会告诉你：不能浪费，浪费是罪孽的。

给她再多的钱，她也舍不得花，而是悄悄把钱存起来，过年过节分给儿孙们。那时，她脸上的每一道褶子才会舒心地展开。

赵文斌的母亲和孩子们一起打糕

对人要善

母亲信佛。从小到大，她对我们兄妹仨说得最多的一句话就是"对人要善"。

从没念过书的母亲讲不出什么意味深长的道理，但她那带着浓重天台口音的"做人要善"，就涵盖了佛家的"人有善念，天必佑之；人若忠厚，福必随之"的朴素道理。

我至今都记得，十岁那年的年三十夜，母亲还在灶台上张罗，邻居赵大伯过来，腆着脸开口借钱。他怎么好意思开口？之前母亲生病，为了给母亲治病，从不求人的父亲向他开口，他不仅不借，还对我父亲好一顿奚落。我们兄妹仨见他进来，想起以前的事，心里不是滋味，没搭理，想着父母亲会好好地数落他一顿，解解这口恶气。没想到母亲二话不说，把家里卖猪存下的500元钱借给了赵大伯。面对我们的埋怨，母亲没多说，给出的回答还是"做人要善"。我清晰地记得，灶火明灭不定，忽静忽动，母亲的脸荡漾着红色的光，绚丽如花。

对人要善，这善，不是锦上添花，不是烈火烹油，而是寒夜凄冷中的如豆星火，是干涸枯竭时的点滴甘露。物换星移，春秋几度，母亲的"对人要善"牢牢铭刻在一个十岁孩童明澈的心中，让我在十三年的从医生涯中，坚持善待每一个病人。

靠自己，不轻易求人

母亲要强。数十年困顿的生活中，她和父亲并肩在烈日下插秧种地、砍柴劈竹，在星光下打猪草喂猪。她赤脚走在田埂上，涉进溪水去割草，常常划伤了脚割破了手指，即使血流如注，也从不叫苦叫累。

再难，她都会坚定地告诉我们：靠自己，不要轻易求人。年轻时，在外她干着男人家干的活；在家，忙着鸡鸭猪鹅，张罗着我们兄妹仨的衣食学费。她和父亲，靠自己的力量撑起了我们兄妹的天。

母亲老了。在她身若飘絮、白发如芒的年纪，父亲久病卧床，她始终不离不弃、细心照顾。即便用尽心思，最终母亲还是失去了最亲最爱的人。但即便在我父亲的告别仪式上，她无法抑制地抽动着单薄的双肩，也没有把头低下。

如今，她一个人、一条狗，守着老家的几间老屋，怎么都不肯依赖儿女居住。她的头发渐渐白，身体渐渐弱，脚步渐渐迟，脊背渐渐弯……每天早上，日出点亮满山的野草，父亲的坟在野草中忽隐忽现。每天夜晚，悠悠的山花细细的香气随风游进梦里，母亲说："你爸爸还在呢，昨晚在我梦里哩，我一个人住，能行。"

我的母亲，我的俭朴、善良又倔强的母亲！

她藏起她的孤独、她的思念，目送着儿女们一个个忙碌远行的背影。我们可以给她钱，给她买这买那，可她最渴望最在乎的，却是我们给不了的，给不了她常伴膝下的欢笑，给不了她儿孙绕膝的快乐。我们，都走得太远。这是最让我觉得愧疚和痛心的。

唯一可以宽慰母亲的，就是她的三个儿女都像她一般。我们没有大富大贵，但是都做到了勤俭持家、善良待人、自尊自爱。不仅如此，我们也教育自己的孩子如此这般地待人待己。

我想，这就是母亲最大的骄傲吧。

九十一岁祖母的掌门秘诀

郑碧敏

　　我的祖母今年已经 91 岁高龄了，但仍然神采奕奕、思路敏捷，早两年眼睛好的时候，还能坚持读书看报。在 55 个成员组成的大家庭中，她是绝对的掌门，无论是 8 个子女，还是孙辈们，都打心眼里爱她、宠她，愿意围绕在她左右。

　　祖母自有她的掌门秘诀。首先就是脾气好又坚韧，爱子女、孝长辈。祖母出身大户人家，上过女子中学。解放前，祖父家里开药房，日子还算殷实。解放后，祖父祖母靠打零工养活 8 个子女，曾经不得已卖掉一只英纳格手表，买了个开水炉卖开水。后来在大井巷开了一家小五金店，一家十口人住在 18 平方米的小房子里，也熬过一段艰难的日子。我父亲说，20 世纪 60 年代，家里一度条件困难，祖父祖母自己舍不得吃，硬是从嘴里省下来一点给儿女吃，这些事儿女们都记在心里。小时候家里日子虽然艰难，但是祖父从来都很乐观，祖母脾气也很好，从来不对子女说难听的话，更别说打了。所以现在自然轮到晚辈孝顺他们了。祖父几年前过

郑碧敏祖母与三个孙女在一起

世了，现在当然是祖母最重要，况且祖母自己对老人就很孝顺。不用说，父辈的叔叔、姑姑和我们这些孙辈便会非常自觉。

祖母的处事智慧还在于一碗水端平，对子女的事不随便发表意见。她对待8个子女从不偏心，一视同仁；子女的事情，她尊重子女意见，让他们自己去平衡；对待孙子孙女也一样，每个孙子孙女小时候她都帮忙带过，所以长大后和她都很亲热。正是这种公平公正，8个子女对于照顾母亲，都十分自觉尽心。

我们这个大家庭中的每个成员都无微不至地关心着祖母。祖母卧室的床边摆着一张改造过的靠背椅，这是个特殊的马桶。因为老人家难免要起夜，怕她磕着碰着，父亲、叔叔们特地在靠背椅上挖了一个洞，旁边围上马桶圈，在下面放了一个可以抽出来的便盆。这样，祖母不用走出卧室就能方便。每天晚上，陪夜的子女都与祖母睡在同一张床上，大家觉得这样才安心。叔叔说:"睡在妈妈身边,就像小时候一样,感觉很温暖。"两年前祖母得了肠癌,但是在家人的精心照料下,这么大年纪,手术后居然恢复得非常好,真是一个爱的奇迹。

儿孙孝顺,祖母心情自然舒畅,在阳台上侍弄了十多盆花花草草。每逢子女们生日,记性很好的她都会打电话祝福或请他们来吃饭,节日给孙辈们的红包、礼物也从不落下。祖母大度、智慧。在她老人家的影响下,孙辈们都学习努力,工作出色。家中出过2000年的杭州市高考文科状元,也有医院的骨科主任。如今孙辈们都已成家,各个家庭幸福美满。

祖母不仅对家人好,对邻居朋友也一样,有好吃的总是和大家分享,总是嘱咐大家注意保重身体。祖母的体贴、善解人意,让每个人感到温暖,她老人家也收获了来自家人、亲朋的满满的爱。

父亲走过的路是我读过最好的书

邵鸳凤

　　父亲小时候家中极为贫寒。他共有六个哥哥、一个姐姐，他是家中的老小。当年，他的六个哥哥当兵的当兵、读大学的读大学，最大的姐姐也读到了高中毕业。爷爷受养儿防老思想的影响，决定把父亲留在身边务农，所以父亲的学历也停留在了初中。尽管学历不高，但父亲在生产队里还是"一把好手"。父亲19岁那年，爷爷因胃癌大出血不幸离世，家中的重担就落在了父亲一个人身上。

　　尽管照顾奶奶和田里农活的任务已经很重了，但父亲是凭着自己的兴趣和一些常识，一边看书一边自学了钳工技术，后来到国营的化纤厂做了技术工人，主要任务是开发模具。在国营单位工作期间，父亲善于钻研，攻破了一个又一个难题。令他印象深刻的是，有一次厂长拿着一个日本人做的模具，说其他单位科班出身的技术员对此束手无策，以现有技术根本无法做出一模一样的。父亲仔细看了看，回家整整琢磨了三天，后来以非常巧妙的方法一举成功，同行们对他不禁刮目相看。后来，一有技术难题，厂里领导就找父亲解决，时间长了，他在厂里也小有名气。由于业务能力突出，父亲被任命为车间主任，这大概是他当过的最大的官了。为此，他很珍惜，经常加班加点，有时还把活带回家做，家里有间小屋就成了父亲的工具房。当时，一个农民出身的人在国有单位有一份工作，而且"收入不菲"，实属不易。

尽管父母亲都有工资收入，但是要养活三个孩子，生活还是不宽裕的。特别是奶奶中风以后，母亲把工作辞掉天天跑医院照顾奶奶。不得已之下，父亲决定下海经商，自谋出路。做出这个决定，既有无奈，也显示出父亲有很大的勇气。

尽管父亲此前在国有单位工作，但出身依然是"泥腿子"，父亲的创业路异常艰辛。他从利用自己的技术做来料加工开始积累资金，后来创办服装厂。那时我还在读小学，印象最深的是父母跟一帮工人经常加班到天亮。最长的一次是为了加工一种辅料，等在加工点三天三夜不合眼。父亲说，抢商机都是争分夺秒的，时间就是利润。创业有乐也有苦，生活小有改善的时候，现实又泼来冷水。父亲在火车站因为凌晨了打了个盹，几千元现金被人偷走。他垂头丧气地回到家，得知真相的我们伤心得抱头痛哭。打击最严重的一次，是不诚信的生意伙伴"骗"走了所有货款，几乎让父亲的事业又回到了原点。

然而，父母亲并没有就此消沉，而是认真地分析原因，觉得还是要在自己熟悉的五金行业再次开启创业之路。所以，他们跑市场找商机，跑乡政府获取支持，跑工商、电力各种部门办审批……终于小家庭作坊再次启动了，母亲主内，父亲主外。父亲本身有技术，组织生产不是问题，最难的是销路。万事开头难，父亲就带着样品到义乌小商品市场一家家去推销。一开始就让商家接受并订货是不可能的，父亲就说服那些摊主先放个样品，有的放了样品后，很快就卖掉了，那就继续多放一点样品，直到有了成批的订单。企业启动也需要资金，父母为此投入了全部。一开始，我们穷得连买菜的钱都没有，母亲拎个菜篮子上街，口袋里却没有一分钱，只能碰到熟人借一点。更多的时候，母亲是到我们三个孩子这里来"化缘"，我们每个人都攒了几十块的压岁钱，母亲承诺先把钱"借"给她，年底再双倍返还。

在父母的努力下，我们的家庭小作坊终于有了起色，也建立了比较稳定的销路，后来又辗转扩大场地、扩大生产规模，生活也随之日渐富足起来。父亲的事业干成了，他也不忘带着亲戚朋友一起干，这一干就是二十多年。由于操劳过度，他先后做了心脏手术，还得过肺癌、肾上腺嗜铬细胞瘤，甚至中风过。亲戚朋友劝他，儿孙自有儿孙福，让他少操劳。但我知道，在父亲的骨子里、血液里流淌的是浙商精神，从不怕苦、怕累。他已经操劳奔波了一辈子，根本停不下来。

作为家中的老大，我亲身经历、目睹父亲是如何一步一步创业的，因此也最能感同身受。我感恩我的父母亲为我们创造了好的生活条件，感恩他们用自己的坚韧不拔、不怕苦不怕累、遇到困难不低头的精神激励了我，感恩他们给了我最坚强的后盾。父亲的人生如同一本书，值得我细品其中的酸甜苦辣。

我的家风家教

孙哲

　　说起我的家风，一时不知从何说起。对于一个极为普通的家庭来说，家教和家训并没有非常明确的标记，也没有鲜活的故事可以讲述。于是我开始搜罗记忆，把自己三十几年的人生经历大致翻阅一遍，才发现自己所受的家教都融于点滴的生活之中了。

　　第一个闪现在我脑海中的，与自己所受家教相关的词汇，应该是"礼貌"。母亲对我在礼貌举止方面的要求是比较严的。记得小时候去外祖父家见到亲戚时，我需要逐一鞠躬行礼问候，那一圈下来，说实话是很耗费精力的。有时候不太情愿，想省略若干步骤，但每次都被要求严格执行。多年过去了，我养成了习惯。随着我的年龄增长，看到长辈们的年纪慢慢变大，我越发觉得，向他们鞠躬问候不仅是礼貌问题，其中蕴含了太多的情感和尊重。礼貌，是人与人之间的尊重与真诚的情感体现，在中国传统文化中极为重要。从小受到的家教，不仅让我礼貌地体会亲情，也让我礼貌地感受朋友之情、同事之情。

第二个词，也是最为重要的词便是"诚信"。我想，诚信应该是几乎所有家庭必备的要素。从幼年到成年，为人处事，"诚信"二字尤为重要。父母教育我做事待人要诚实守信。真实地对待自己，也真诚地对待他人。即使做了错事，造成了不好的影响，也不能逃避。诚实是一种美德，也是一种勇气。无论对他人还是对自己，计划要做的事情就要尽全力做到，否则就不要承诺。有关诚信的教育，对我影响深远。如今，我教育自己孩子，也是以诚信为先，让他认识到，编造谎言比做错事情本身更严重。

第三个词应该是"勤劳"。我的父母是非常勤劳的人。从我有记忆到现在，他们都是"停不下来"的人。母亲的劳动和工作效率是非常高的，动作麻利，雷厉风行。在工作上是一把好手，无论工作多辛苦，回到家里也要把家收拾得整齐干净、一尘不染。如今他们已是近七十岁的老人了，勤劳的习惯还是不变。父亲做事比较慢条斯理，但总能在事先做好计划，选择合理的步骤，即使动作频率不高，但整体效率还是很高的。父母以身作则，教育我在生活中要做个勤劳的人，让自己的生活变得有条理。

第四个词是"节俭"。我的父母非常节俭，家里的许多物件都用了很多年。并不这些物件的质量有多么好，主要因为他们的习惯就是，能修则修。让我印象深刻的是，家里有一个使用多年的洗脸盆，到现在有近30年了。这种"搪瓷盆"是20世纪80年代的流行物件，会因为不小心的磕碰而局部瓷釉脱落，内部金属锈蚀而露孔。每次发生这种情况，父亲会利用比较独特的方法，迅速而完美地修复它们。如今虽然不经常使用，但每次回家我还能发现它们，这似乎成了我家节俭家风的象征。这种教育是潜移默化的，如今我也经常教育自己的孩子，告诉他不能浪费，要节约资源，爱惜物品。

第五个词是"律己"。小时候，母亲对我的要求是很严格的而且是多方面的。她的信条是，对自己要严格要求，以毅力和恒心规划和塑造自己的人生。所以我受到的家教培养了我比较好的生活习惯和学习习惯，现在看来这些都是尤为重要的。

重温自己所受的家庭教育，我回忆起此前不曾留意的点滴。一个家族传承下来的不仅仅是基因，还有更多的人文情怀和处事之道。而整个中华文明，也正是千万个家庭，历经百年、千年的文化交融，繁衍而成。所以，传承家训，做好家庭教育，也是为整个中华文明贡献一分力量。

我的舅公

徐俪

　　诸葛侠是我舅公，今年92岁，精神状态还不错。小时候，我家住舅公家隔壁，每天我都要去他家报个到。舅公高个子、白皮肤，在我的印象中，他给人的感觉很特别，后来才知道那叫儒雅。舅公1929年2月出生在浙江兰溪，1949年8月参军，1954年9月入党，参加过解放南日岛反击战，解放平潭岛、东山岛反击战斗，牛山剿匪等大小战役。1987年离休在家后依然每日看报纸、读新闻、谈国事。偶有战友来看他，从行军往事到国家形势，无所不聊。每逢这个时候，我们一群小孩总在周围边打闹边听，虽然不是很听得懂，但听多了就会知道最近哪个国家不太平，我们的医疗队又去支援哪个国家了……现在想来，舅公的小事，无形中也影响着我。

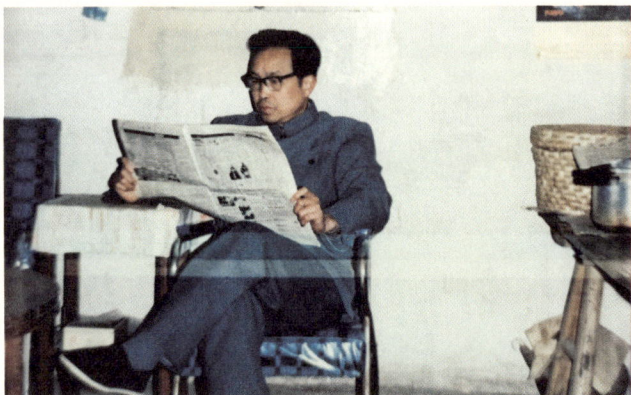

每天晚上七点准时看新闻联播、抽时间看报纸，是徐俪舅公的"固定动作"

电视剧不看，新闻一定得看

回想起小时候，我印象最深的是，每天晚上七点，舅公会准时在堂前打开电视看新闻。舅公舅婆分别坐在藤椅上，舅婆虽不是知识分子，但跟着舅公看多了也能说出个一二来。有几次，我们一群小孩子不想回家，就想着让舅公换个台，给我们看个动画片什么的。舅公也不生气，笑眯眯地说："这个比动画片好看多了，来来，坐着一起看看。"小孩子们多次不成后只能作罢。但每次逢着看新闻联播，我们都会保持安静，大孩子们偶尔还会问一些问题。进入大学后，作为预备党员要带积极分子学习时事政治，每每课前准备阶段，我总想起舅公说起各国时政的语气，还有他家那台只放新闻的电视机。这种情景一直萦绕在我脑海中，一直提醒我关注国家大事是党员的基本素养。

重要新闻存下来，做简报

舅公订了很多报纸，都是一些日报，也包括当地的一些报纸。空闲之时，他就戴着眼镜坐在沙发上看报纸。舅公有个习惯，每次看完报纸总要把一些他认为重要的文字、图片剪下来，用胶水整整齐齐地黏在另外一个本子上。那时候，我虽然还小，但总觉得舅公做这些事的时候非常庄重，每天必做。后来等我读小学五六年级时，偶尔会问一些类似于"哪些国家跟我们国家关系好？"之类的问题，但每每得到的都是非常详细的答案，比如为何不跟我们好，两国交情如何，等等。现在我离家多年，碰到舅公的机会越来越少，只能偶尔从父母那边知道一些零零碎碎的信息，有机会真想去向他要些曾经的简报看看。

自己要有纪律，党费得交

自舅婆去世后舅公就与子女同住，以前党费都是按月交，银行卡转账也没有那么方便，舅公就会经常打电话给奶奶，让她帮忙去交下党费。途中碰到熟人，人家就问："你干吗去？"奶奶说："给我哥去交党费。"熟人就说："哎呀，你哥交什么党费，人都不在家，不交又没人知道。"奶奶回来就学给舅公听，舅公说："这用部队的话说，交党费是纪律，不交是违纪！"不管生病住院或者外出，几十年来，舅公始终记得按时缴纳党费。

我思考过，舅公及他的兄弟姐妹一直受人敬重的原因。我想，这似乎跟他们的为人处事分不开。我经常听奶奶说起这段话："年轻人，不要怕累""力气没了睡一觉就回来了""人要靠自己，才能走的长远""冻死迎风站，饿死不出声""不是自己的钱和物，一点也不能贪""要花钱，就要靠自己的血汗挣"，等等。这些家训虽然都很粗浅，但细细回味却意味深长啊！它们潜移默化地影响着后辈，我们当中有教授、校长、记者、经商者、农民、硕士、博士。不管从事什么职业，有什么学历，都本着家训，踏踏实实做人，勤勤恳恳做事。

言传身教在点滴之间

倪龙海

　　儿时所有的记忆都在巢湖，一个位于大山深处的工厂，一个为我国国防两栖装甲装备默默奉献的军工企业。那里不仅有着我整个儿时的记忆，还有对我成长产生深刻影响的一名退伍军人——我的父亲。

　　父亲是穿着军装来到了这个军工企业，并在这里光荣退伍，直至退休的。军装虽脱去了，但没有蜕变的是他的军人本色和为国防事业奉献的执着。

　　工作上，自打我记事起，总是感觉父亲很忙碌，不知道他在忙什么，就知道他一会要去试验场，一会在家研究各种电路图。后来才知道，那几年是我们国家军事装备快速发展的阶段，他一直在为了最新装备的投产忙碌着，经常加班到深夜。记得有一次父亲加班回到家，十分开心，嘴边难得挂着笑容，我问父亲："啥事让你这么高兴？"父亲告诉我："新的装备试验成功了，下一步将投产了！"我可以明显感觉到父亲眉间露出得意神情，同时又带有那种自信的坚定。这种得意、这种自信，让我深深体会到一名国防建设者的责任与担当。

倪龙海父亲在工厂时

　　生活中，我总感觉家里的各类家电非常多，黑白、彩色电视机，收音机、风扇、洗衣机，等等。原来这是父亲利用闲暇在免费为厂里的职工修理家电。那时候父亲经常开玩笑地对我说，他除了"原子弹"不会修，其他只要有电路图，一切都不在话下。厂里的很多人也愿意把他们家出了问题的家电拿到我家里来，让父亲研究研究、捣鼓捣鼓。令我惊讶的是，这些出问题的家电绝大部分都能"康复出院"。那时的我真的很相信，也真的很崇拜父亲，做这么多事，有那么多技能。

　　退休后，父亲没有从一线的岗位上直接休息，我总感觉他更忙碌了。记得他经常要去杭州出差，去使用厂里装备的部队给人家上课、指导装备技能比武。每每部队取得优异的比武成绩后，感觉最开心的就是父亲。听部队的领导说，父亲简直就是华东地区坦克修理第一人。这不是父亲看重的称号，却是我津津乐道，并为之自豪了很多年的事情。我替父亲自豪的是他的甘于奉献、勇于付出。

直到今天，父亲还经常教导我，要敢于担当，要老老实实做人、认认真真做事，要努力做好自己的工作。年幼时的我对这些简朴的话语懵懵懂懂，但是长大后，再次回忆起父亲工作上的笃定、生活中的自信、退休后的忙碌，我才真正感受和明白他的用意。这就是我的父亲，一个不善言辞的父亲，一个人生充实的父亲，他用自己的实际行动，通过自己的言传身教，影响着我，教育着我。

如今的我也是两个男孩的父亲，我要努力将父亲这份无声的爱与教导传承下去。

一对普通的农村共产党员夫妇诠释真善美

邓丽芳

　　我来自一个普普通通的农村家庭，家里并没有成文的家风家训，但祖辈们在日常生活中用自己的一言一行给我们树立了榜样，教会了我们做人做事。这一股无形的精神力量一直在我求学、工作的路上指引着我。我讲的家风故事的主人公是我的外祖父母。作为一对普通的农村共产党员，他们向我们后辈诠释了什么是真善美。

崇高的信仰

　　我的外祖父和外祖母世代是贫农。儿时就经常听我母亲说起外祖父小时候乞讨的故事，外祖父的两个哥哥都是在大饥荒年代饿死的，他跟着曾祖母靠乞讨活了下来。他们心中对救苦救难的中国共产党的敬仰是我们这代人永远无法体会的。带着这种崇高的信仰，外祖父和外祖母于 1960 年 11 月一起加入了中国共产党，那年我的外祖父 21 岁，而外祖母刚满 18 岁。因为组织的信任和群众的支持，外祖父担任了

20多年的村支书，他每天风里来雨里去，服务在最基层，不求任何回报。在村民心中他是一位勤劳淳朴的农民，更是一名正直无私的好支书！记忆中，外祖父母家里的客厅里总是挂着一幅大大的毛主席像。他们以自己是共产党员的身份而自豪，《没有共产党就没有新中国》这一首歌就是我的外祖母教给我的，而我的共产主义信仰也是由此萌芽的。外祖父去世前唯一的嘱托就是让外祖母一定要将党员证放在他的身边，伴随着他去另一个世界。看着外祖母小心翼翼地把党员证放在安详的外祖父身旁，那一刻，我的泪水止不住地往外涌，除了不舍，还有对一位老党员灵魂的崇高敬意！

善良的心灵

外祖父母这一生积德行善，一直默默地奉献着，却不求任何回报。作为村支书，外祖父为群众说话，急群众之急，举凡村里大大小小的事，他都会站出来……外祖母懂医，是一名"赤脚医生"（半农半医），还加入了县里第一支手术队，既是村里的妇女主任，还承担了全乡的预防和接生工作。那时预防接种工作并没有得到农村很多家庭的重视，外祖母会多次上门做思想工作，尽力说服不愿意接种的家长带孩子接种。接生婆的工作是需要24小时待岗的，经常夜里有产妇突然要生产，家人急匆匆地过来请外祖母。这时外祖母不管在干什么都会马上起身，以最快的速度赶到现场，还经常捎上家里的白糖和鸡蛋给产妇补身子。对重男轻女的家庭，她还会给产妇的家人做思想工作，因此在村里的威望非常高。

她做了 30 多年的"赤脚医生"，为乡里的老百姓做出了很大的贡献。群众来看病，她只收取最基本的药费，从来不收取注射费用，还经常拿家里的好吃的招待病人，以至于曾祖母经常唠叨她：太大方了！县里的医护人员下乡来，外祖父母都会让他们在自己家里留宿，拿出他们平日里都舍不得吃的好菜招待他们。因为外祖父母的善举，乡里乡亲提起他们，都会竖起大拇指。

邓丽芳大舅、二舅扶着年老的外祖母体验共享单车

坚韧的意志

两位老人脸上一直挂着笑容，他们生活积极乐观，表面上是被上帝眷顾的人，其实命运坎坷，这一路走来靠的是坚韧的意志力！外祖父十几岁还跟着曾祖母在外乞讨，食不果腹；古稀之年还患上了食道癌，治疗过程疼痛难耐，后期吞咽困难，可是他从来没叫过一声痛。为了不让出门在外的后辈们担忧，他再难受都会在接过电话时笑着给我们道声安好！我记得他在离世前的最后几个月还安慰我们："对我来说，现在死亡已经不再那么恐怖！你们都安心生活、好好工作，不要为我担心！"他走的时候是那么安详，甚至不愿打扰我们的正常生活。

外祖母小时候患过天花，在脸上留下了永久的疤痕，这对于一个爱美的女人来说，需要很大的勇气才能接受各种异样的目光。尽管遭遇如此，她却选择了用自己的力量去帮助更多的人。在她负责预防接种工作的那段时间，全乡没有一人因为遗漏接种患过天花。她爱美，年轻时喜欢扎两根漂亮的麻花辫，现在也经常画画眉毛。拥有如此美丽的心灵，在我心目中她就是最美的老太太！

这就是我的家风故事。在写这个故事之前，我征求过外祖母的意见，她乐呵呵地说："我们有啥故事好写啊！我们没有什么很伟大的事迹，就是普普通通的农村共产党员。"是啊！高尚的灵魂总是以最朴素的状态存在着，不需要任何华丽的修饰！

红色家风彰显初心

刘延轶

俗话说:"国有国法、家有家规",良好的家风就像一位无形的导师,通过生活中的点点滴滴润物细无声地引导着我们。

红色的烙印

我出生于军人家庭、革命家庭,祖籍是孔孟之乡山东。

我的太爷是抗战离休干部,抗日战争初期就加入了中国共产党,在抗战期间经组织批准,用筹集的经费开了一家油坊,建立起地下交通站并担任地下交通站的负责人,为中国革命建设做出了贡献。

我的爷爷也是一位离休干部、共产党员,14岁就参加八路军,因为年纪小,就给部队首长当警卫员,经历了抗日战争、解放战争,先后参加了鲁西南战役、济南战役,一直战斗至南京。其中在解放济南战役中身负重伤(二等甲级伤残军人),后转业至浙江省委工作。我的奶奶也是一位离休干

刘延轶的爷爷奶奶年轻时

刘延轶的外公外婆年轻时

刘延轶的大伯（革命烈士）　　　　刘延轶的父亲

部，和我爷爷同村，二人青梅竹马，从小一起参加儿童团，后来一起参加革命。

　　我的外公也是一位离休干部、共产党员，1939年参加革命，在老家山东莱芜组织抗战武装，担任手枪队队长，并先后参加了淮海战役、渡江战役和莱芜战役等重大战役。南下后转业至浙江省委工作。我的外婆也是一位军人，在部队里和外公结为夫妻。

　　我的伯父是空军航空兵机械分队长、革命烈士、共产党员。1970年12月入伍，1975年11月在参加重大演习时光荣牺牲，牺牲时年仅20周岁。

　　伯父牺牲后，我的父亲继承了他的革命意志，毅然选择光荣参军，到伯父生前所在的部队成为一名空军航空雷达兵，在大西北多次参加重大训练和演习，退伍后在杭州市政

府机关工作。我的母亲也是共产党
员。1974年，她响应党的号召"到农
村去，到边疆去，到祖国最需要的地
方去"，毅然前往富阳场口公社青江
大队插队落户，成了一名知青。

受祖辈、父母亲的影响和家庭
的感染，我在大学期间就加入了学生
会，并在大二的时候向党组织递交了

刘延轶的母亲

入党申请书，不久后成为一名光荣的共产党员，我们家就成
了一个三辈均是共产党员的红色家庭。这么多年来，在党的
光荣传统的哺育下，我们一直都在踏踏实实做事，平平淡淡
做人。

浓浓的红色家风中的"红"，凝聚着革命先辈的鲜血和汗
水，是我们共产党人的底色，是我们薪火相传的血脉。传承
红色家风，就是要从革命先辈顽强的奋斗中汲取精神养分和
实践动力。

善，诚实，知恩感恩

我的祖辈幼年时正是抗日战争年代，他们目睹了战争的
惨烈、侵略者的残酷，深切体会到了底层人民生存的艰辛。
祖辈们在讲革命战争故事时语重心长地告诫我们：落后就要
挨打。我听后深有体会，只有在中国共产党的领导下，只有
国家站起来、富起来、强起来，我们才能过上幸福生活，我
们年轻一代一定要珍惜！从祖辈们的言语里，我能真切感受

刘延轶奶奶获得庆祝
中华人民共和国70
周年纪念章

刘延轶外公获得淮海
战役纪念章

1954年刘延轶外公
获得全国人民慰问
团慰问纪念章

到他们对中国共产党、对新中国的感激之情和感恩之心。

自从我懂事以来，父母亲就一直教导我要善良、诚实、知恩感恩。善良：要及时地去帮助需要帮助的人，并时常去做一些帮助他人的工作，为社会带来一点温暖；诚实：做错了事情的时候，不要害怕，而需要诚实地说出自己的错误，并承认自己的错误，不仅仅是自己做错了事情要勇于承担，当别人做错了事情时，也不应包庇他，面对任何事情都要诚实以待；知恩感恩：当别人帮助你的时候，你也要知恩，因为任何人对你的帮助都不是必须的，当他有困难的时候，你也要去帮助他，感恩他。

父母亲是这么说的，也是这么做的，他们用自己的言传身教，让我深刻地体会到了这就是我们的家风，我也必须这么做。

记得读小学的时候，因为同学们都有零花钱可以买漂亮的贴纸和橡皮，我也想买，但是不敢和父母说。某一天，我偷偷地拿了父亲放在饭桌上的 5 角钱，去买了自己最喜爱的贴纸，下课回来后，父亲把我叫到身边，问："你今天有什么需要和我沟通的吗？"当时的我心存侥幸，总觉得父亲应该不会发现，可是回答时还是心虚地不敢看父亲，低头说："没有啊。"父亲提高了声音，再次问道："看着我的眼睛，想清楚了再回答，实事求是。"在父亲的威严下，我瞬间没了底气，弱弱地说："我偷偷拿了您放在饭桌上的 5 角钱，去买了漂亮的贴纸。"当下我觉得空气都凝结了，但接踵而来的不是打骂，不是咆哮，而是父亲语重心长的声音："犯错不可怕，可怕的是你不承认错误，可怕的是你用撒谎去掩盖你的错误。你没有经过我的允许，就偷偷拿了钱，是不是小偷的行为呢？"忽然之间，我认识到自己犯了很严重的错误，眼泪哗啦啦地留下来了，向父亲道歉并承认错误，告诉他以后不会再犯了。

自从我参加工作以来，父母亲谆谆教诲：踏踏实实工作，年轻人就需要多做多学，要全身心投入工作；要勤奋努力、珍惜当下的一切，将来才会有无限的可能！所以刚参加工作的时候，即便在偏远的淳安县汾口镇法庭，条件很艰苦，但是我一直把父母亲的话牢记在心。在工作的 13 年里，我在工作上、生活上都经历了很多酸甜苦辣，但是我不抱怨，因为办法永远比困难多。在生活上，我感恩无论喜怒哀乐都能陪伴在我身边的好友们；在工作上，我感恩培养我、帮助我的同事们和领导们。当我有困难的时候，他们都能第一时间帮助我，帮我分析问题，找到问题的关键所在。

家庭是人生的第一课堂。现在，我也有了自己的孩子，家风陪伴我的成长，也会伴随我孩子的成长。祖辈、父辈们身体力行将这一宝贵"家风"财富传给了我们，我们就应该传承下去，以红色家风引领每一位家庭成员做事要实事求是，做人要知恩感恩。

外祖父教我的六个字

项　漪

生活中，每个人的世界观、人生观、价值观以及性格特征、道德素养、为人处事等方方面面无不烙着家风家教的印记。家风家教就像一棵枝叶如盖的百年大树，子子孙孙都在它的荫蔽之下，而我的外祖父无疑就是我们家这棵百年大树里枝叶最繁茂的枝干。

我的外祖父出生于 1929 年的夏天。1949 年，在新中国成立的这一年，20 岁的外祖父走上了讲台，开始了他长达 30 年的教学生涯。1981 年，他加入了中国共产党，成为一名光荣的党员。我的外祖父只是众多优秀共产党员中很平凡的一位，但他以身作则，教会了我"节俭、上进、感恩"这六字家风。

教会我"节俭"

在我们这一辈人的眼里，外祖父那一辈人都有一个值得我们好好学习的优良传统——节俭。以前可能因为家里条件不好，不得不节约，但现在生活条件改善了，他们勤俭节

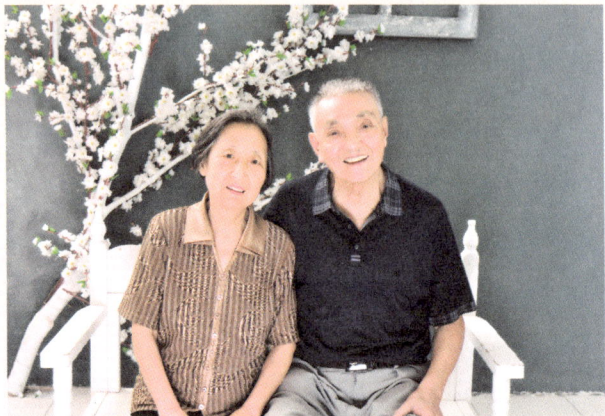

项漪外祖父母合影

约的习惯却一直没有丢。暑日天热，外祖父常常舍不得开空调，就吹吹电扇。家里的电扇还是我母亲结婚那年买的，年纪比我都大，难免会出现很多故障。但每次出现故障，外祖父就自己修理，只要风扇还能转，他就怎么都不舍得丢。

教会我"上进"

在我的印象中，我的外祖父是一个全才，琴棋书画样样皆通。外祖父喜爱书画，常常在家写写画画，家里的墙上挂满了他的作品。退休后，他还自学了二胡，因为他坚信"不满足是向上的车轮"。91岁的外祖父还是一个与时俱进的人。自从用上了智能手机，他学会了用手机下象棋、看新闻，学会了用微信和我们聊天、发照片。近两年，他又迷上了写诗，大到庆祝建国70周年，小到和晚辈游西湖赏花这类生活琐事，都能成为他笔下的一首首诗词。目前，他共完成了《诗词文集》7本，这是他留给我们子孙后代的宝贵财富。

教会我"感恩"

外祖父退休近40年，到现在还有很多他以前教过的学生逢年过节来他家坐坐，看望他。有一次，我在外祖父家遇到了他的学生来看他，等他的学生们走后，我羡慕地对外祖父说："外祖父您真幸福，还有学生一辈子都记得您！"外祖父很认真地对我说："这是我的学生们懂事，其实这么多年过去了，很多记着我们这些老师的并不一定是当时的尖子生，但他们现在都在自己的领域里闯出了一片天地。所以，做人要懂得感恩，只有懂得感恩，才能走得更远。"

家风家教是一个家庭最为重要的、无以替代的精神财富。我的外祖父教会我节俭，教会我上进，教会我感恩，能在这样一个拥有良好家风家教的家庭中成长是我人生中的一大幸事。好的教育，不仅是提供物质保障，也不是口头上的几句叮咛，而是良好家风家教的熏陶。我的外祖父正是如此，始终用行动给我们后辈树立良好的榜样，传递给我们满满的正能量。感谢我的外祖父！

父母的身教

曾后清

　　我自小生活在江西省一个有着 800 多年历史的偏远村庄。村里人都是同宗同族，大多以种水稻为生，具有农村人勤劳俭朴和热情好客的共同特点。我的父母也是地地道道的农民，没有什么文化，父亲忠厚老实、任劳任怨，母亲积极勤快、心灵手巧。他们虽然没有口头传授我很多学习和生活的大道理，但他们身上的品质却潜移默化地影响着我。他们对我的教育更多的是来自身教。

　　从我很小的时候起，父母就要求我跟随他们一起到田里干农活，比如割稻子、晒稻谷、捆秸秆和插秧等。每年夏天的农忙时节是家里最繁忙和最辛苦的日子，几乎每天都是"面朝黄土背朝天"，"黄汗变黑汗"。为了能在凉快的早上多做点事，每天凌晨三点多钟，天还没有亮，母亲就会早早地起来，做好早饭，然后强忍着不舍的心把我从睡梦中叫醒。我揉揉惺忪的眼睛，极不情愿地起来随父母一起下地干活。

　　父母总是望子成龙，希望我将来能考上大学，不再务农。在田里干活时，母亲有时会激励我，给我灌输点思想。

她最常说的两句话就是"万般皆下品，唯有读书高"和"吃得苦中苦，方为人上人"。随着年岁的增长，我逐渐懂得了父母的辛劳，懂得了他们的付出。劳作时，我总是想多做一点事情来分担父母的劳累。农忙虽然异常辛苦，却让我懂得了没有付出就没有收获，懂得了优异的成绩是对父母最好的报答。直到后来上大学，读研究生的时候，每年暑假我都还会回家与父母一同农忙。如今虽然不需要再回老家农忙了，但是这种艰苦奋斗的场景始终深深地刻在我的脑海里，让我终生难忘。也正是这种从小与父母一同劳作的经历，既增强了我与父母的感情，也培养了我吃苦耐劳的精神。

父亲不善言辞，勤俭节约。让我印象最深的是他总是喜欢做"老好人"，将好的东西留给别人，差的东西留给自己。在家里，他总是将最好吃的东西留给我们，自己却经常吃剩饭剩菜。村里人有事找他帮忙，他总是尽自己所能去帮助别人，尽管这些事可能会给自己带来不便和辛苦。在父亲的口中，总是很少听到责怪与埋怨，有什么事情他总是自己扛。虽然父亲与我交流不多，但我从父亲身上懂得了责任、宽仁和勤俭。

母亲非常勤劳，每天很早就起来干活，家里家外什么活都要干。小时候，为了能让我和妹妹们吃上好吃的，母亲总是想方设法做很多美味的食物，比如各种米团子、咸味花生、番薯干、霉豆腐等。很多东西她刚开始不懂怎么做，就会想办法学，而且学得很快。为了增加一点家庭收入，她还学会了养猪、养鸡、养鸭和养鹅。每年夏天她还会种点西瓜。她总是非常大方，经常让我们给村里的老人送点西瓜。母亲勤劳、大方和好学的品质一直影响着我。每当我想懈怠的时候，想起远方的母亲，就会重新拾起力量继续奋勇向前。

总之，我的父母虽然没有文化，不能告诉我很多生活中的大道理，不能给我以人生的指引，但是他们友善热情的待人态度和勤勤恳恳的劳作风格，无声无息地影响了我。如今，我已进入了工作岗位，因为父母身体力行的教导，我也正以积极乐观的心态，勤勤恳恳、认认真真地做好自己的本职工作。我也有了自己的家庭，也成了两个孩子的父亲，我也将身体力行，为孩子树立良好的榜样。

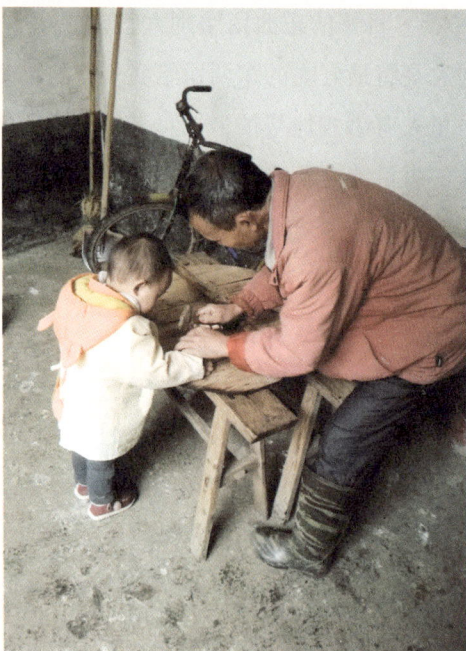

曾后清父亲带孙子在农村老家修理家具

家，教会我的那些事儿

陈姗姗

古人云："家风正则社风正，家风清则国风清。"习近平总书记在 2019 年春节团拜会谈及家庭教育和民族团结时指出："家庭是社会的基本细胞，是人生的第一所学校。不论时代发生多大变化，不论生活格局发生多大变化，我们都要重视家庭建设，注重家庭，注重家教，注重家风，紧密结合培育和弘扬社会主义核心价值观，发扬光大中华民族传统家庭美德，促进家庭和睦，促进亲人相亲相爱，促进下一代健康成长，促进老年人老有所养，使千千万万个家庭成为国家发展、民族进步、社会和谐的重要基点。"诚如总书记所言，家是最小国，国是千万家，无规矩不成方圆。

家，教会我"勤业笃行"

我出生在一个教师之家，父亲、母亲都是人民教师。父母有一个心愿，希望我长大以后也能成为一名教育工作者，加入"园丁"之列，圆梦"教师三口之家"。记得我刚上小学一年级时，父母皆是班主任，常常陪我吃完晚饭后就匆忙赶回学校，处理班级事务，督查晚自习纪律，留我一个人在家。当时，父母分管的班级都是重点班，每班有近六十名学生，只要有一个学生提出需求，不论是半夜三更或适逢节假日，父母都会第一时间赶去学生身边，为他们排忧解难，伸出援手。他们时常挂在嘴边的一句话令我终生难忘："女儿啊，班里的每一位学生也是我们的孩子啊！"父母在单位里都是连续多年的先进工作者和优秀党员，他们的荣誉证书可以装满好几个抽屉。几十年的从教生涯，让他们早已"桃李满天下"。父亲的学生如今有的是将军，有的是干部，有的是教师，各行各业都有他们学生的身影。每逢过年，一届届的毕业生都会相约来看望父母，还经常回忆学生时代的趣闻乐事，评价我的父亲是"严师慈父"，评价我的母亲是"良师益友"。父母任教期间的言传身教对他们影响深远，很多感动瞬间至今都令他们感怀在心。

记得我高中毕业远离家乡去北京上大学时，入学军训的第二天我持续高烧不退，室友都去场地训练了，我自己孤零零躺在寝室，昏昏沉沉地浑身难受。这时一个陌生的身影在楼管员的陪同下出现在我面前，原来是我们的辅导员特地来看望我，既耐心又关切地询问我的病情，还不辞辛劳陪同我去就诊挂点滴，让我在异乡求学之初就感受到亲人般的关怀与温暖。那时那刻，我更能切身体会到自己的父母也是怀揣着"一片丹心献学生"的信念，传递育人温暖，诠释职业真谛。

家，教会我"尽孝行善"

从小，父母就经常教育我"百善孝为先"。记得祖母在世时，父亲母亲时常会从乡下把祖母接到家里来住一段时间。每当父母晚上加班回家，进家门第一件事就是先到祖母房间问安，待到祖母安心入睡后，才到我房间询问我的情况，检查我的学业。在我的记忆中，母亲从来没有和祖母斗过嘴，婆媳关系十分融洽，祖母经常和街坊邻里夸我母亲"比自己的女儿还亲"。现在我已为人妻为人媳为人母，每次与父母通话时，他们都会叮嘱我要孝顺公婆，铭记"老吾老以及人之老"，要给儿子树立好尽孝榜样。

父亲母亲有空会讨论一些伦理纲常。比如，当探讨如何为人处事时，他们常会引用范仲淹名句"居庙堂之高则忧其民，处江湖之远则忧其君"，教我要学会"换位思考，将心比心"。不论是在工作上，还是在生活中都要经常换位思考，真诚待人，这样上下级之间、同事之间、家庭之间、邻里之间、亲朋之间才能融洽相处，生活也能舒心幸福，工作也能顺心如意，社会就会和谐稳定。

记得大一入学以及研究生入学时，父母都忙于工作，我都是自己一人坐火车一路北上。临行前，他们总不忘叮嘱我，亲人不在身边，希望我能真诚待人，善心善行。读研时，一位室友半夜急性阑尾炎发作，我们赶忙送她去医院，医生说要立刻手术切除阑尾。室友家庭经济困难，听闻需要手术，考虑到医药费犹豫不决。我第一时间掏出钱包，为其

陈姗姗与父母合影

垫付了医药费，让医生尽快安排手术。第二天我父母得知这一情况，肯定了我的助人行为，并反复嘱咐我："要好好照顾室友，远亲不如近邻，赠人玫瑰，手有余香，让她安心养病，不要操心医药费，不要让她的家人担心。"

家，教会我"厚德立身"

我母亲常说，我上幼儿园前就能背诵《三字经》了，这得益于家庭教育的潜移默化。儿时我与小朋友一起玩耍，父母会一直引导我礼让他人，友好相处，要听大哥哥大姐姐的话，也要爱护小弟弟小妹妹。与小朋友们一起用餐时，父母常会念起《三字经》："融四岁，能让梨，你现在几岁啦？"话音刚落，我就会把手中大份的食品分给其他小朋友，自己拿小份吃，这时父亲母亲就会竖起大拇指给我点赞。

参加工作之后，因身处学生工作第一线，我经常会与父母探讨育人工作的理念与心得。父母总会语重心长地教导我："学高为师，身正为范，要秉承立德树人的理念，要学会尊重和倾听学生的心声。虽然大学生都是成年人，但很多学生刚进入大学都是迷茫的，需要有人指引。要做一名称职的领航者，要成为学生的良师益友。记住每一个学生背后都是一个家庭，一个学生的成长成才直接关系到这个家庭的幸福。"

如今，我已在育人岗位上工作了11年，带出了三届毕业生，每次毕业临别时都能感受到学生溢于言表的师生情。受父母影响，我在工作与生活中行有德之事，做有德之人，将点点滴滴汇流成河。我一直坚信，不论工作也好，生活也罢，如果每个人只想唱出自己，很难唱出和谐之音；如果大家都能如同交响乐，即使每样乐器都有自己的音色，也能互相取长补短，和谐鸣奏，奏响"家和万事兴"的华丽乐章！

以诚为基 以信为石
——我的家风家教故事

陈晓玲

每个人都是他或她原生家庭的影子。

我的父母亲是非常讲诚信的人。我脑海里，时刻回响着父母常说的一句话——"做人要讲诚信，要对自己的言行负责，不要轻易许诺别人，如果许诺别人了，就要努力做到。"他们把这种处事原则融入自己的家庭、事业与生活中。秉持着这种原则，他们经营着家中的小店，建立自己的口碑。

记忆中，有一次，母亲在收款时多收了1000元，她毫不犹豫地把钱退回给了顾客。顾客开玩笑说："一不小心让你多赚了1000元。"母亲听后笑着说："你让我多赚1000元，对我来说可能是赔本的生意。如果你后面想起自己多付了钱，就会来找我，这样反而更不好。也许你会因为这样的事情不再到我店里买东西，那我以后就亏大了。做生意一是一，二是二，我们要讲诚信。"顾客听后呵呵笑，对母亲竖起了大拇指。这样的例子不胜枚举。父母诚挚对待顾客的言行深深感动了我。一位顾客买了东西，还没等找零就匆匆离开了。父母回身时发现顾客已经离开，父亲便立马揣着50元钱往顾客离开的方向奔去。事后我才知道，父亲是走了很远很远的路，才找到了那位顾客。小时候在父母的店里，听见父母对顾客说得最多的话就是——"你放心，我们做生意是讲诚信的，不会跟你说的是这个货，实际上是另外一个货。我们说今天给你发货，就今天给你发货。"小时候的我，总觉得父母坚持原则的形象非常高大。

父母就是通过一件件小事影响着我，感染着我，熏陶着我。现在，做人要讲诚信，要遵守与别人的约定成为我的行为原则。我曾经因为"失信"于人而内心感到十分煎熬，直到我再次兑现了自己的承诺，内心才会感到平静。那是一次坐校车的经历。有一次，坐校车刷卡时，发现卡里的余额不够了，想到当天下午会再次坐校车，我就同师傅说："我下午坐车再补刷。"师傅答应了。不巧的是，当天因为改变了行程，下午我没有坐校车，而这15块钱也没有补刷。这件事成了我心里的一个小警钟，时不时敲响、提醒我还未践行

陈晓玲在指导学生

自己的承诺。终于有一天，我外出时坐校车，碰到了那位师傅，我跟师傅说上次的车钱不够，没刷卡，这次补刷。师傅很感动，说他都不记得这事了。

"可是我记得。"我在心里对自己说。尽管未及时补刷卡本不是主观意愿，但仍在我心里激起了不小的波澜，直到后来我补刷了卡，我的内心才重新获得了平静。这件事让我感受到了信念的力量，或许这只是生活中不值得一提的小事，但它却深深铭刻在我心里。回想我的处事原则，诚信已经不知不觉成为一个重要的价值标准。它默默地指引着我，提醒着我，告诉我做人要诚实，要守约，和别人约定的事必须做到，答应别人的事要放在心上……

靠谱、可信赖、讲原则、负责任、守时是身边的朋友与同学对我的评价。而这些品质，既为别人提供了便利，也为我带来了便利。

家庭塑造了一个人的人格，培养了一个人的品质。费孝通在《生育制度》一书里说："对于一个人而言，影响终身却又不得自己选择的，就是谁是你的父母。"父母除了给予我们身体，还在人生的路上通过家风和家教，不断培育着我们。正如习近平总书记 2019 年春节团拜会上说："家庭是社会的基本细胞，是人生的第一所学校。"好的家风和家教会使身处社会的人学会君子之道，懂得如何与自己、与他人相处。以诚为基，以信为石，这是我们家最好的家教和家风。

外婆教会我们的事

孙一秀

　　我们家是个大家庭，外公去世早，外婆独自一人拉扯大了她的六个儿女。家里的每个成员之间都互敬互爱、和睦相处，而这样的幸福来源于外婆淳朴的教育和良好的家风。

　　外婆是个普通的农家妇女，受到曾为军人的外公熏陶，虽未读过书，却也略识几个字。自我懂事起，外婆常挂在嘴边的一句话就是"家和万事兴"。小时候，我与妹妹因为争夺一个玩具手表而吵得不可开交，外婆见到了，并未责骂我们，而是假装不闻不问，任由我们吵闹。待我终于从妹妹手中夺得了玩具手表，正沾沾自喜时，外婆才走了过来。她并没有生气，只是看着我手里的玩具手表漫不经心地说："妹妹的这块手表是你舅舅给她买的生日礼物，去年你的生日，妹妹好像还给你送了一张贺卡吧？"我听完这话，脸羞得通红，拿在手里的玩具手表也霎时变得异常刺眼。到了晚上，我偷偷制作了一张精美的贺卡，连同玩具手表一起送给了妹妹，妹妹非常开心，丝毫不介意我白天抢走了她的玩具手表。这时候，外婆才过来跟我们说："姐妹两个吵吵闹闹是常有的事

孙一秀母亲与外婆

情，你们的爸爸妈妈小时候也经常吵闹，但一家人总归是一家人，要记住兄友弟恭、姐妹和睦，家和才能万事兴。"小时候常听到的话，现在想想，这多么富有道理。家和万事兴，只有家和、心齐，家人都拧成一股绳儿地努力，才会创造更大的幸福，才会"万事兴"。

百善孝为先也是我们家良好的家风。外婆独自一人抚养她的六个儿女不容易，现在自然轮到我们做晚辈的来好好孝顺她。外婆现已年迈，子女们都不放心她独自在家，便商量着每个家庭轮流照顾她。俗话说得好，家有一老，如有一宝。因此，轮到外婆住在我家的一个月，我们都特别开心。爸爸妈妈每次都提前把外婆的房间打扫好，并准备好泡脚桶和中药，再接外婆过来。放学回家后听到外婆温暖的声音：

"秀儿放学啦！快进屋歇会儿！"我就知道最幸福的日子来了。不仅如此，就连平日里最简单的一日三餐，都因为有了外婆而变得格外不同，爸爸妈妈会变着花样儿地给外婆做营养餐，养胃的、养肝的、护心的，应有尽有。偶尔，外婆还会亲自下厨给我们煮玉米粗面疙瘩。那滋味，可真是比最精致的美味佳肴还要好吃。外婆常要求我们多吃粗粮，说现在的好生活来之不易，不能因为现在过得好就忘了过去的难。

记得有一次外婆生病住院，妈妈衣不解带地陪护，还把泡脚桶和中药带去医院，每日坚持给外婆烫脚，爸爸则不停往返于医院和家，每天给外婆送饭。外婆说吃医院餐厅的饭菜就可以，可爸爸妈妈却坚决不同意，认为自己做的更加健康，也更加有营养，更利于外婆身体恢复。后来有一次爸爸生病了，我也学着当初爸爸妈妈照顾外婆的样子，给爸爸量体温、喂药，还第一次动手煮了一锅小米粥。当我将小米粥端给爸爸时，爸爸一边喝一边说"甜"。我尝了一口："这个不甜呀，我也没放糖。"我诧异地看向妈妈，妈妈却说："那是因为你喝到的是粥，可爸爸喝到的是孝心呀。"

外婆对子女的影响既是淳朴的，又是深远的，这形成了我们家良好的家教和家风。不管是家庭聚餐还是普通聚会，只要长辈不动筷，小辈也不动筷，是外婆教会我们的尊敬长辈；吃饭做事要适可而止，吃多少拿多少，不剩饭，是外婆教会我们的勤俭节约；答应别人的事要做到，一言九鼎，不说谎话，是外婆教会我们的诚实守信……外婆教给我们的这些品质，将在我的成长之路上一直伴我前行。

幸福温暖驻我家

马博轩

　　几个月前，偶然看到学校的馆藏书中有清华大学出版社的家庭教育新书《温暖的爱幸福的家》，我真是惊喜，非常感谢我们杭师大。因为这本书是我妈妈的心血之作。正是妈妈用优美文笔写的我家真实的家风家教故事，向社会向所有家庭推荐我们家引领孩子成长的教育理念和方法。

　　我和姐姐是在快乐幸福的家庭环境中长大的，爸妈是我们的人生榜样。而做事尽力、为人感恩，正是我家的家训家风。1998 年，我们全家四口作为嘉宾做客中央电视台《实话实说》节目，温暖亲情故事让电视机前亿万观众感动。

　　我们全家人始终阳光上进、和睦幸福。如今我在杭师大读研，姐姐是金融公司的白领，爸爸是研究数控机床的高工，我的妈妈闫玉兰是清华大学出版社的签约作家、中国家庭教育学会儿童早期教育专业委员会理事、湖南省婚姻家庭研究会理事、岳阳市婚姻家庭研究会会长，湖南省电大家庭教育线上课堂首席讲师，在北京、上海、杭州、长沙、岳阳多地讲座百余场。我家数次获评"五好家庭"，十几年来多

马博轩一家在《实话实说》栏目组留影

次被《中国妇女》《婚姻与家庭》《三湘都市报》《今日女报》《岳阳日报》等报纸特稿报道。

当然，我家的幸福来之不易。我家是重组家庭，我的妈妈善良、坚强且伟大，经历过艰难岁月磨砺依然温暖他人。妈妈对我同父异母的姐姐视如亲生，关爱她、包容她。妈妈初来时，姐姐因之前在溺爱中长大，所以任性自我。那时，妈妈一切得听从女儿的，不能多说一句话，不能说错半句，就是为女儿做事都要小心翼翼的。帮她洗头，盆里漂一根头发，她就会训斥妈妈："我要是皇帝早砍你头了！"但妈妈理解姐姐是无辜的，是受伤的孩子，所以给了姐姐最深切的爱和包容，同时关照姐姐的心灵世界。

我姐当时九岁，几乎每天哭闹，连橡皮掉到地上也要大哭。虽然很磨人累人，但妈妈从不发火甚至没高声过，而是从源头上关爱引领姐姐。她制作了两张漂亮的考核表，拉着

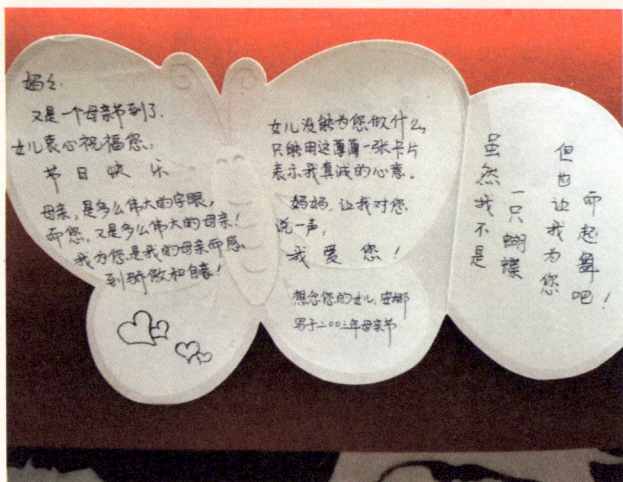

马博轩姐姐写给妈妈的祝福

我姐的手说："人都是在克服缺点中进步的，希望女儿帮助我，如果认为我表现好，就帮我画一面红旗鼓励我。"我姐开心极了，立即答应。然后妈妈问："如果你一天没哭一次，就给你画一朵小红花。"就这样，妈妈给了孩子信任尊重。于是，亲友认定姐姐改不了的爱哭闹的老毛病竟改掉了，让人们大为惊奇。

妈妈一贯认为：父母以身作则最重要，孩子的问题其实是父母的问题。姐姐那时习惯高声说话，和父亲讨论作业都像在吵架。妈妈从不批评说教，而是从自身做起，无论姐姐多么高声对待她，她始终轻声细语温柔回应。妈妈的榜样引领就这么神奇，姐姐爱大吵大叫的毛病慢慢全都改了。妈妈的爱，不仅深厚真切而且富有智慧。

妈妈怀我时已是高龄孕妇，有诸多的不便和劳累，但姐姐所有的事情妈妈都亲力亲为，不辞劳苦。每当遇到两个孩子都需要帮助时，妈妈都不顾我幼小而习惯性地先考虑我姐，绝不让我姐有丝毫失落感。虽然我比姐姐小十岁，但不论两个人争玩具还是争别的，妈妈百分百地劝我放弃，百分百地满足姐姐。当时家里经济不宽裕，我的衣服和玩具全用旧的，我姐全买新的。过年时姐姐有新衣，我没有。从小我就觉得我妈妈最喜欢姐姐，但是我认同妈妈对我的解释：女孩子应该穿漂亮点，男孩应该让着女孩。这些事，我姐看在眼里记在心上，在中央电视台《实话实说》节目录制现场，

马博轩一家合照

我姐流着泪对亿万观众说："我的妈妈只为我花钱买东西，自己没买过一件好衣服也没有一件金首饰……"而妈妈还安慰姐姐："妈妈长得不漂亮，不需要买这些东西。"妈妈的善良和大爱，让主持人崔永元和现场观众都感动得泪流满面。

姐姐没有辜负父母的希望。她结婚生子自立自强，把自己的小家庭打理得很幸福。妈妈要帮着带孩子，姐姐说："妈妈，我也要像您一样自己带孩子。"姐姐生了二胎，妈妈又要帮她带。姐姐姐夫说："我们可以自己带，妈妈把自己的身体照顾好，做自己喜欢的事，就是给我们帮最大的忙。"我们家真是相互关照、温馨又幸福的大家庭。

我的父母都爱学习钻研，这带动我和姐姐也养成了爱读书爱学习的习惯。妈妈注重温暖陪伴，更注重亲密的温暖沟通，把爱和善良植入儿女的心怀。我们在身边，妈妈也会亲手写信写贺卡，用文学的语言肯定我们的进步并寄予期望。我们也学到了，每逢节日生日也会给父母送上爱的贺卡。我们外出求学、工作，和父母不间断通信交流情感，让亲情的温暖成为生命的动力。姐姐常写来让妈妈感动流泪的信，20多年来，母女的温暖通信多得无法计数。父母也从没缺席儿女每一阶段的成长。

重视对孩子的品德教育，孩子也必然懂事。妈妈曾有一篇文章写道："儿子从小就会照顾他人，他夜里高烧也按住妈妈不让起身怕妈妈受凉，自己爬出被窝下床倒水喝。他夜里咳嗽怕吵醒妈妈就憋着，憋不住就包在被窝里咳。一天夜里儿子哮喘出不上气，汗湿了几身衣服，父母急忙送他去医院，刚出楼道门就有很大夜风吹来，妈妈急喊后面的丈夫：

'有风！快拿毛巾被来！'想包住生病的儿子，没想到，五岁小儿本能地一下子钻到妈妈身前，两手摊开用虚弱身体护住妈妈说：'有风啊！妈妈，我给您挡着！''儿啊！'妈妈惊叫，一把抱紧病中小儿，被儿子的爱心震撼不已。'"看到这些文字，我也被儿时的自己感动了。

我们的成长动力源于妈妈的榜样力量。妈妈与婆婆关系和睦，20多年没红过脸，她真心敬佩婆婆，在海内外报刊发表文章赞婆婆，在婆婆生命的最后日子她更是日夜精细照顾。

是的，妈妈对培养孩子做人尤其重视。因此，姐姐写过一篇《我爱我家》的作文在《湖南日报》征文中获奖，在她学校引起很大反响。妈妈爱写作，也把我和姐姐带入文学社团学习，感受中华文化的博大精深，接受心灵的洗礼。我和姐姐多次在海内外报刊发表文章。

因为经常有人向妈妈咨询家庭教育问题，倾诉亲子教育的困惑，妈妈想写一本关于家庭教育的书帮助更多的家庭，让所有的孩子都得到温暖执着的引领。妈妈的想法得到全家大力支持，姐姐为这本书写了一篇五千字的长序，感动了所有人。

姐姐写道："我非常庆幸我有一个好妈妈。我多么渴望天下所有的孩子都像我一样拥有好妈妈，多么渴望所有的父母都学习教育方法用心爱孩子，让孩子健康快乐成长，让家中充满幸福温情。"妈妈说："我非常感谢女儿，是她让这本书得以面世。"

读过这本充满爱的书籍的读者都被妈妈那浓浓的母爱

真情深深感动，很多读者都感动的热泪盈眶。北京人大附中一位特级教师看过此书，在中国教育学会群里参与讨论留言说："每一个读此书的人一定会被闫老师的精神深深感动。闫老师家庭的大爱与厚德，承载了家教的真情与睿智，影响了孩子的一辈子，也就形成了良好的家风、家规、家训，传承下去，就会影响一个家族。"

后　记

今年是中国共产党成立 100 周年。在全党开展党史学习教育之时，我们将近年来师生撰写的家风家教故事汇编成书，以《红色记忆·家风故事》为题结集出版，旨在传承红色基因，弘扬光荣传统，培育优良家风。本书采编过程中，得到了全校广大师生的热情支持，征集到 471 篇家风故事，限于篇幅，本书仅收录了 60 多篇。

本书从开始征稿到出版，得到了校党委的高度重视和悉心指导，校党委书记陈春雷亲自为本书作序，校纪委书记李泽泉带头撰写家风故事，并审核校对全书，校纪委副书记黄燕带领校纪委办同志认真做好全书的具体编辑工作。孙霆、邵大珊、钱大同、任顺木、沈慧麟、徐达炎、黄宁子、吴丽娟等离退休老同志给予热心关怀和鼓励，经管学院、人文学院、理学院、医学院和钱江学院等各学院广大师生积极参与。经过三年多的努力，本书终于由浙江大学出版社出版。在此，对所有关心支持本书编辑出版的领导和师生表示衷心地感谢！鉴于各种原因，本书还存在许多不当不妥之处，敬请读者批评指正。

杭州师范大学纪委编写组

2021 年 6 月

图书在版编目（CIP）数据

红色记忆·家风故事 / 李泽泉主编. —杭州：
浙江大学出版社，2021.6（2024.8重印）
ISBN 978-7-308-21399-8

Ⅰ. ①红… Ⅱ. ①李… Ⅲ. ①家庭道德－中国－通俗
读物 Ⅳ. ①B823.1-49

中国版本图书馆CIP数据核字（2021）第096540号

红色记忆·家风故事

李泽泉　主编

责任编辑	马一萍　吴伟伟	
责任校对	陈逸行	
装帧设计	刘　俊	
出版发行	浙江大学出版社	
	（杭州市天目山路148号　　邮政编码　310007）	
	（网址：http://www.zjupress.com）	
排　　版	杭州林智广告有限公司	
印　　刷	杭州高腾印务有限公司	
开　　本	710mm×1000mm　1/16	
印　　张	19.25	
字　　数	290千	
版 印 次	2021年6月第1版　2024年8月第7次印刷	
书　　号	ISBN 978-7-308-21399-8	
定　　价	78.00元	